北川尚人

トヨタ チーフエンジニアの仕事

講談社＋α新書
プラスアルファ

はじめに

トヨタには、製品開発システムの根幹をなすチーフエンジニア制度（古くは主査制度と言われていた）が存在する。チーフエンジニア（以下、ＣＥ）は、車両コンセプトの創造からデザイン、設計・評価、生産、販売、品質保証、サービスにいたる、あらゆるプロセスの監督者だ。車種ごとに社歴20年以上のベテラン技術者（たまにデザイナー）が指名され、その下で、多くの部署が一丸となりヒット商品の開発に邁進（まいしん）する。

そのルーツは、初代クラウン（１９５５年発売）の開発時代へさかのぼる。１９５３年５月に当時技術担当取締役だった豊田英二氏（トヨタ自動車創業者・豊田喜一郎氏の従弟、のち社長）がクラウンの開発責任者として中村健也氏を最初の主査に指名した。

主査には、車の開発責任はあったが、人事権はなかった。従って彼は、自分のやり方を徹底させるために、いろいろな所へ出向き、特に若いエンジニアの所へ行き自分の考えを示したり督励したりしたそうだ。そういった彼のやり方を後の主査が引き継ぎ、それが骨格となり主査制度へと徐々に築き上げられ、トヨタの特徴となり財産となった。

その後、会社は大きくなり組織も複雑化した。1989年8月、組織のフラット化に伴い各部署に急増する「主査」と区別するため、「チーフエンジニア（CE）」と呼称することになった。チーフエンジニア（Chief Engineer）の下にはサブ・チーフエンジニアの位置づけで数名の主査（Deputy Chief Engineer）が配置された。

ところで、現在、世界を席巻するアップルやグーグルなどアメリカの巨大IT企業GAFA（Google, Apple, Facebook, Amazon）はトヨタのCE制度を徹底的にベンチマークし、プロダクトマネジャー制度として導入し、大きな成果に繋げていることは意外と知られていない。プロダクトマネジャー制度の源流、本家はじつはトヨタのCE制度なのである。

一方で昨今の世界における日本企業の地盤沈下は著しい。2019年4月22日の日経新聞では、「幕を閉じようとしている平成年間をずばり『敗北の時代』と呼ぶ。株式時価総額ランキングをみると、平成元年（1989年）には世界上位20社のうち、NTTを筆頭に14社が日本企業だったが、今はゼロ。トヨタ自動車の41位が最高で、上位層は米国や中国のデジタル企業が占拠する」と紹介され、続けて「何が停滞を招いたのか。小林会長（筆者注：元経済同友会代表幹事、三菱ケミカルホールディングス会長、小林喜光氏）の答えは極めてシンプル。『企業の活力の衰えだ』という。日本企業がインパクトのある新製品や新サービスを生み出せなくなって、企業と経済の成長が止まり、日本の地盤沈下が進んだのだ。総じて言えば、昭和の時代に急成長した日本の企業も徐々に年老いて、リスクを嫌がる保守的な組織になったということかもしれない」とある。

そうした中、トヨタは２０１９年３月期決算で、日本企業として初めて売上高30兆円を超えた。２０２０年5月に行われた決算会見では「２０２０年３月期はほぼ前年並みと堅調。しかし、２０２1年３月期は、コロナ・ショックの影響で大きく落ち込むものの、それでも営業利益は５０００億円と予想」と発表した。

トヨタが引き続き日本企業のトップにいられるのはなぜか。トヨタの強さの秘密を解説するいわゆるトヨタ本は、書店にコーナーができるほど多くが出版されている。しかし、そのほとんどは、インスタントラーメンと並び戦後の世界的発明といわれるトヨタ生産方式（ＴＰＳ）や原価低減、品質管理がその根源だとしている。

しかし、考えてみればＴＰＳは、自動車をいかに大量に、安く、バラツキなくつくるのか、つまり「ＨＯＷ」についての仕組みであり、肝心のＴＰＳで何をつくるかという「ＷＨＡＴ」について、そのＷＨＡＴをどのように生み出しているのかについては語られていない。ミライ、初代プリウス、初代レクサス（日本名セルシオ）など非常に限られた車種については、その開発秘話を紹介する書物が存在する。しかし、トヨタの利益の圧倒的部分は、それら以外の次々と生み出される多くのヒット商品が稼ぎ出しているのである。それらＷＨＡ

Tを生み出し続けられる価値創造の仕組みこそが、もう一つの強さの秘密であると信じる。それが顧客志向に根ざしたトヨタ製品開発システムで、その中心的役割を果たすのがチーフエンジニアだ。

本書では、意外と正確に知られていないトヨタ製品開発システムとCEの実像を、当事者経験をベースに明らかにする。自動車開発の流れに始まり、開発組織体制、CEの位置づけ、資質、仕事の進め方についてまで、10年間にわたる私の経験を元に解説する。多くのトヨタ技術部門OBにもこの執筆への応援をいただいた。

私は、トヨタ自動車（当時トヨタ自動車工業）に入社後、ボデー設計部での新型車の設計を皮切りに、トヨタ、ダイハツで40年間にわたり新車開発に携わった。トヨタでの主査、CE時代（1996年から2005年）には幸運にも多くの新商品の生みの親となることができた。

本書執筆の動機は、2019年初め、経営戦略コンサルタント酒井崇男氏から以下のような話を伺ったからだ。

「トヨタ生産システム（TPS）がトヨタの強さの秘密としてしばしば話題になるが、日本人の多くが誤解しているように、TPSそのもので、売れて儲かるモノができるわけではない。TPSは世界中のメーカーが研究し模倣し尽くしているので、もはやTPSでは競争相手に差を付けられない。では、なぜ、トヨタは強いのか？　それは、世界中の人が買いたくなる車を確実に設計できているから。それはＣＥ主導のトヨタ製品開発システムによって開発された商品が、ＴＰＳによって大量に生産されるから。ＧＡＦＡではＣＥ制度を導入し成果を挙げている。しかし、一方の本家日本の製造業では、ＴＰＳは導入したものの肝心のヒット商品を生み出す仕組みを学びとっていない。だから苦戦を強いられているのではないか」

本書が、経済ジャーナリスト、トヨタ学研究者にとってトヨタ製品開発システムについての正確な理解に繋がり、日本の製造業復権、新商品、新サービスの開発に奔走するビジネスパーソンにとって参考になれば幸いだ。

目次

第2章　トヨタの新車開発の流れと開発（広義）の組織体制

第3章 CEの資質

第4章　CE制度を支えるトヨタの仕組み

第5章　CEの本棚

第1章　若者市場を攻略せよ——ｂＢ開発

危機意識

1998年は奥田碩(ひろし)社長の以下の年頭あいさつで始まった。危機意識オンパレードの内容だった。

「昨年は、総販売台数では、484万台と前年を9万台上回ったものの、国内市場の低迷が響き、目標の497万台に対して未達となりました。海外は、(中略)6年連続の販売新記録を達成しましたが、国内は、201万台と前年を13万台下回る結果となりました。除軽シェアでは目標の40%を2年連続で下回り、4年連続のシェアダウンというはなはだ不本意な結果に終わりました。過去の産業界のシェア競争に見られるように、一度シェアダウンに歯止めがかからなくなると、その後急速にシェアは低下していく恐れがあります。『最大の危機は、危機を危機と認識しないことから始まる』といいますが、昨年のシェアダウンを大変深刻な問題であるという危機意識を持ってほしいと思います。(中略)そこで、みなさんにお願いしたいのは、一人ひとりが自身の変革に努め、創造性を発揮し、現状を打破すること。そして常に高い目標を描き、それにチャレンジすること。さらに、従来の延長線上にない不連続な構造変化をしっかりと見極め、大胆な変革を図っていく判断力・行動力を身につけて欲しいということにあります」

私は当時、小型車を担当する製品企画チームで都築功ＣＥの下、主査として、１９９９年８月に市場投入予定のファンカーゴの開発を担当していた。都築ＣＥとは、「社長があれほど危機感を抱いているのに、会社全体、技術部門はちっとも変わっちゃいない。このファンカーゴでは『変わった』と言ってもらえるよう新しいことに挑戦しよう」と話していた。

年頭あいさつには出てこなかったが、国内市場ではシェアダウンだけでなく特に若者市場においてはホンダの後塵を拝し、トヨタのクルマは〝オジン向け〟とジャーナリストからも揶揄（やゆ）されていた。製品企画を担当する自分としては非常に悔しく、開発中のファンカーゴを何としても若者シェア回復の切り札にしたいと思った。

ファンカーゴのヒット

ファンカーゴの開発では、「トヨタ車は若者に不人気」のレッテルを払拭（ふっしょく）するぞと、都築ＣＥ自ら強力に旗を振った。「これまでのトヨタのクルマづくりはメーカーの自分勝手な都合を押し付ける〝製品〟開発で、顧客が主役の〝商品〟開発ではなかった」「つくり手寄りの発想を反省し、利用者の声にとことん耳を傾けてクルマを開発する」と我々メンバーに檄（げき）を飛ばした。当時の若者文化を徹底的に共有するため、若者の集まるイベント会場、キャンプ場などに足繁く通った。

ファンカーゴ

カタログ掲載写真より

ファンカーゴは、当時トヨタの最重要プロジェクトである欧州小型車戦略車ヤリス（当時の日本名ヴィッツ、1999年1月発売の2BOX）の派生車で、コンパクトトールワゴンのカテゴリーの車だ。リア席を簡単に床下へ収納すると床面積の3分の2を平らにでき、びっくりするほどの空間（「夢・遊空間」と名付けた）が出現した。マウンテンバイクやスノーボードはそのまま積めた。またキャンプへ行けば寝袋に入って大人2人が寝ることもできた。さらに若者の購買意欲をくすぐるいろいろな工夫も施した。例えば、キャンプ場で懐中電灯代わりになる取り外し可能な天井の車内灯や、アウトドアで電化製品が使えるAC100ボルト電源などをつけ、さまざまな楽しみ方ができる「走る部屋」を売りにした車だった。

お客様への商品訴求のやり方についても新しいことに挑戦した。若者から聞き出したさまざまな声を集約し、リア空間の幅広い使い方を提案する第3のカタログ「ファンカーゴを自遊自在に楽しむ本」（通常のカタログを第1のカタログ、アクセサリー品のカタログを第2のカタログと呼んだ）を製品企画チームで作ったりもした。

またこれまでのやり方では若者のハートへ届いていないのではと反省し、車雑誌だけでなく一般雑誌への記事掲載なども営業部門に提案した。保守的な体質のトヨタにおいては、製品企画チームからの提案に営業部隊はネガティブだったが、何とか実現してもらった。その甲斐あってか、大ヒット。発売から1ヵ月で、当初見込みの約5倍の3万1000台を受注。若者シェアはかなり改善できた。

しかし、奥田社長始め会社上層部は、「若者対策はファンカーゴだけではまだまだ不十分、もっと若者に特化した車はできないのか」と考えていたようだ。実際、1997年8月に奥田社長は、「若者車を開発せよ」と、VVC（バーチャル・ベンチャー・カンパニー）という特別組織を技術部門の外に設立していた（VVCはのちに異業種合同プロジェクト「WiLL」を立ち上げ2000年1月に「WiLL Vi」を発売）。

本来新商品の開発を担う技術部門としては面白くない。ＶＶＣに対抗して、ファンカーゴよりもさらに若者ターゲットに特化した「若者市場攻略の切り札を開発せよ」ということになった。ヤリスの派生車という前提だったので、我々の製品企画チームが担当することになった。１９９８年初め頃だったと思う。それがｂＢだ。私は都築ＣＥの補佐としてファンカーゴの主査をしていたが、都築さんからは「ｂＢは君に任せるよ」と言ってもらえた。

ちなみにｂＢとは、「black BOX（得体のしれない箱）」のそれぞれ最初の一文字を合体させた名前だ。最初を小文字にしたのは、車体色には、ホワイト、イエローなどブラック以外の色もあり意味合いを弱めたかったからだ。逆に形を表すボックスは大いに強調するため大文字にした。通常、車名は記者発表の半年くらい前に、広告代理店の提案する候補などをもとに、営業部門が決めることになっていた。しかし、ｂＢは開発当初つまりデザイナーの描くアイデアスケッチの段階から、ニックネームとしてblack BOX＝ｂＢと呼ばれていた。ｂＢのロゴも最終形に近いものが描かれていた。ｂＢ以外の車名案もいくつかあったが、black BOX＝ｂＢが最適という判断になった。デザイナーの案が最終的に正式車名になったのは非常に珍しい。

市場調査から開発スタート

私は都築さんから任されて、「何としてでも若者市場を攻略してやるぞ」と誓った。まずはなぜトヨタ車は若者に人気がないのか、若者市場攻略をうたっていたプロジェクトがなぜ今までうまくいかなかったのかを振り返ってみた。また、『失敗の本質　日本軍の組織論的研究』（野中郁次郎ほか著）も読んで勉強した。その結果、トヨタ車は信頼性・品質といったイメージは高いものの、センスの良さ・遊び心といったイメージは低いことがわかった。その理由の一つとして、開発当初はデザインに遊び心があったものが、開発が進むにつれ冒険を嫌う上司の気持ちを忖度するあまり、徐々に失われていってしまうのではと分析した。

若者に受け入れられる車はどんな車か？　どうして、トヨタ車は若者に受け入れられないのか？　もう一度この問いの答えを求め、とにかく若者の気持ちに近づこうと考えた。

しかし、私自身当時すでに40代半ば、なかなか20代の気持ちになれるものではない。せめて若者が集まる場所へ出向き雰囲気を共有してみようと考えた。若者の趣味の世界は非常に幅広い。オートキャンプ、サーフィン、スノーボード、ストリートミュージック……。各々若者が集まるいわゆる聖地を調べに出かけた。ストリートミュージックの聖地といわれる神戸三宮にも足を延ばしたりした。

そんな頃、写真週刊誌「ＦＯＣＵＳ」に大型テレビモニターやスピーカーを搭載した車が何十台も集まるイベントの様子が載っているのを見つけた。私の好奇心は大いに刺激されす

bBアイデアスケッチ

ぐさま横浜大黒埠頭（だいこく）へ見に行った。2回めに行った時は、ただの見学者ではなくファンカーゴに巨大スピーカーを搭載した改造車の保有者として出かけた。ここでは、自分の車から流れる音楽、映像を楽しむのではなく、いかに多くの人が自分の車を見に来てくれるかを競い合っているように感じた。

ここで閃（ひらめ）いたのが、カスタマイズを売りにできないかということだった。それまでも、もちろんアクセサリー用品の市場は存在していたが、最初から、カスタマイズを前提にした車はなかった。つまり、購入段階でははっきり言って未完成、何かひと手間カスタマイズしたくなる、そんな考え方もあるのではと思った。若者はメーカーからのお仕着せを嫌い、各人の好みにカスタマイズした車に乗りたがっているということもわかってきた。

車の開発の始めはデザイン開発。デザイナーには「若者受けが絶対条件だ」と発破をかけた。会社上層部への忖度なしで、自分たちが心底欲しいと思えるデザインを提案してくれと頼んだ。そんな状況の中から生まれてきたのがｂＢのアイデアスケッチだった。

「俺たちがとやかく言うクルマじゃないな!」

「もっとマジメにやれ!」と一喝される危険性もはらんだデザイナーたちの映像と音楽オンリーのプレゼン戦術だった。

車両コンセプトは「カスタマイズしやすい箱車」。デザイン部でのスタイリングも順調に仕上がり、「この方向でいきます」という会社トップの承認をもらうデザイン中間審査を迎えることになった。

私の印象では正直なところ「粗削りで少しやり過ぎ」と感じたが、若者の心を射止めるにはこれぐらいは必要だと腹を括った。ここで開発責任者の私が「もう少し控え目に」などと注文をつけていてはこれまでの失敗の轍を踏むことになる。私は、若いデザイナーのアイデアを外圧から守ってやろうと考えた。案の定、商品企画部や国内営業各部は、少々やり過ぎなスタイリングに対して「こんな未完成な意匠では審査の対象にならない、もっと完成度を高めて欲しい」と審査の場で営業トップがクギを刺す発言をすると事前に伝えてきた。もう一度出直しかと諦めの気持ちも半分くらい持ちながら審査当日を迎えた。

審査は通常、クレイモデル(粘土模型)やモックアップ(外見を実物そっくりに似せて作られた実物大の模型)を前に、製品企画のCEがコンセプト・セリング・ポイント・諸元を、デザイナーが内外スタイリングの詳細をフォーマットに従い説明する。しかし今回はデザイナーたちの提案で、型通りの説明は一切せず若者がbBと生き生きと楽しんでいる様子を映像と音楽だけでプレゼンした。デザイナーたちはクレイモデルの横でアロハシャツを着てアピールするという奇策に出た。

プレゼンの後、各部のコメントをもらうのだがなかなか出てこない。しばらくして、奥田社長から「俺たちがとやかく言うクルマじゃないな！」の一言。結局それが実質のゴーサインとなった。

この審査は中間審査で、数ヵ月後の最終審査を残していたが、この段階でデザイン開発をほぼ完了することができ、開発期間短縮へ大きく貢献することになった。

開発費半減から試作車レス開発へ

車両の企画、デザインは順調に進みだしていたが、ＣＥにとっては一つ大きな頭痛の種があった。それは、製品企画部管掌の岡本一雄取締役から「開発費を従来の半分にせよ」という重たい宿題をもらっていたからだった。岡本取締役の心には、ヒットするか否かリスクが高いプロジェクトなので手間暇かけずさっさと開発して欲しいという思いがあったのだろう。

そこで行き着いたのが、「試作車レス開発」だった。しかし、「試作車レス開発」を最初から目指したわけではない。「開発費半減」のため、１９９８年半ばから開発費を管理する部署を中心に検討が重ねられた。これまでの開発を振り返り、設計のやり直しがなかったら、開発のムダをとことん排除したら、さまざまな条件の下、開発費をどのくらい減らせるかを検討した。何十台も製作していた試作車の台数を半減、3分の1、5分の1にしたらいくら減らせるかなどとシミュレーションを繰り返した。

しかし、なかなか開発費半減にはたどり着かない。もうアイデアが尽きたと思われた時、半ばヤケクソになり1台も試作車を造らない前提で計算してみると、なんと半減が達成できるではないか。というわけで「今度は試作車を1台も造らずに、車両性能の予測や組付け性の確認ができないか」を考えることにした。

従来の開発のやり方では、試作車を使ったさまざまな検討が不可欠だった。まず試作図を基に試作車を造り、組付け性や車両性能を確認し、問題があれば設計変更を行う。そのサイクルを回し図面の完成度を高めていく。そして、完成度がほぼ１００％の図面＝正式図になった段階で、金型製作にかかる。

１９９０年代半ばのＩＴの急速な進展は、自動車の製品開発や生産技術の分野にも影響を与えた。96年、生産技術部門が主体となり「Ｖ－Ｃｏｍｍ（Visual & Virtual Communication）」

を開発し、デジタルエンジニアリングが始まっていた。このV－Ｃｏｍｍは、車両設計データや仕入先からの部品データをもとに、新型車をコンピューターの仮想空間で、３次元の状態で組み立てるシステムである。これにより、組付け作業性、部品干渉の有無、見栄えなどの検討ができた。試作車の必要がなく、画面上で問題点が把握できるので、開発期間の短縮、開発費用の削減に大きく貢献した。試作車レスでも図面の完成度を高められた。また、海外の工場との間でもビジュアルコミュニケーションが可能になった。

同じく、ＣＡＥ（Computer Aided Engineering）、つまりコンピューター上での試作品を用いてシミュレーションし分析する技術も進化し、ＮＶ（Noise Vibration）解析、強度・剛性解析、衝突安全解析などが可能になっていた。

こうした背景を踏まえ、ｂＢプロジェクトでは生産技術部門や技術部門内の評価部署の全面協力を得て、約１４００項目について試作車に頼らない性能確認のシナリオを作成した。現在ではＣＡＥ解析技術の進化で性能予測シミュレーションのメニューが増えているが、当時はまだ限られていたので、あらゆる知恵を結集した。例えば、ｂＢとプラットフォームを共用し、同じ車体サイズ、同じエンジン、駆動系を搭載する車両で、すでに量産化していたファンカーゴの評価結果も活用することにした。

具体的な性能確認手段は、次のような手段に分類できた。①ＣＡＥ、②V－Ｃｏｍｍ、③

図面ＤＲ（デザインレビュー）、④改造車・デザインモックアップ、⑤評価代用（ファンカーゴの結果で代用）、⑥性能確認車（実車を造ってから）。

ＣＡＥについては、ＮＶ、強度・剛性、衝突安全に加え、このｂＢでは、シートトアンカー強度、ルーフ積雪強度、ドア開閉耐久強度、ドア過開き強度、ワイパー風切り音などで新たなＣＡＥ適用に挑戦してみることにした。Ｖ‐Ｃｏｍｍでは、組付け性はもちろん、サービス性、配線、配管の問題摘出に挑戦した。視界の確認ではラウム改造車を、シートベルトフィッティングなどの使用操作性確認ではデザインモックアップを使用するなど、ありとあらゆる確認手段を総動員した。

生産技術部門でも、全工程でのデジタルアッセンブリー（組付け）、プレス部品の成型性、大型バンパーの剛性、溶接工程でのバーチャルファクトリー、塗装工程での車体熱ひずみなどをシミュレーションで行うことに挑戦してもらった。それまでは何台もの試作車でのトライから得られたデータを頼りに量産金型の造り込みを行っていた。各部署とも、清水の舞台から飛び降りる覚悟だった。

さて、これらのシミュレーションの結果、すべて問題をつぶしこんで性能予測がＯＫとなり、生産準備を行い量産車を造れば販売できるかと言えばそうはいかない。国交省から認可を取得しなければならないからだ。量産の最初の車でいきなり認可取得の受検をするのはさすがにリスクが大きい。そこで、性能確認車と呼ぶ車を造ることにした。この性能確認車で認証試験を合格できるはずとの事前確認をしてから国交省に持ち込む安全策を取る計画にした。また、当然のことだが、この性能確認車ですべての評価項目がシミュレーション結果と同じかどうかも確認することとした（そのため性能確認車と呼ぶことにした）。

また、万が一にも、NGが出た時のことを想定し、皆で知恵を絞り編み出したのが、「危機管理活動」だった。NGが出るかもしれない評価項目、またはギリギリで判断OKとした評価項目に対しては、あらかじめ、具体的なNGモードを予測し、対策案や対策品を準備しておいた。これは、万一の際を考え、対策検討や、部品準備に手間を取らせないためで、たとえ、NGが出てもすぐに対策車両を準備して評価OKの確認ができるようにと考えた結果だった。約60項目の危機管理活動を行った。

こうして、開発費半減、試作車レス開発の仕事の進め方のシナリオが完成したのだった。具体的な開発業務の始まる前に、ここまであれやこれやと仕事の進め方を議論したことは、おそらくトヨタでは初めてのことだったと思う。

ここまで段取りするには数ヵ月はかかっただろうか、岡本取締役に報告に行くと開口一番、「やっとできたかね」。一通り話を聞き終えると「これで是非頑張って欲しい」と意外にもあっさり承認してくれた。私は、このやり方を成功させるため、つまり関係部署との調整やコミュニケーションロス、ミスをとことんなくすため、関係者（設計、評価、生産技術、工場、仕入先）が一つの部屋に集まって業務を行う「大部屋方式」でやらせて欲しいとお願いした。了解してもらったうえに、ボデー設計は要だからと優秀なリーダー坂本直君を人選し充ててくれた。ちなみにこの「大部屋方式」というのは、私が10年近く前に社内の懸賞論文の中で提案したものだった。

大部屋方式

さて、デザイン中間審査でゴーサインが出たことを受けて、いよいよ「完成度１００％図面を日程遅れなしで出す」というテーマとの格闘が始まった。私はこれまでの仕事のやり方を反省し、図面作成段階では、設計者が密にコミュニケーションを取らないといけない部署つまりいつもそばにいて欲しい関係者、車両実験部、生産技術部、工場検査部、経理部（原価）、調達部（仕入先）の主要メンバーに一つの部屋に集まってもらうことにした。そしてこの部屋をｂＢ大部屋と名付けた。生産技術部は本社から社内連絡バスに乗って20分くらいかかる元町工場が本拠地だったので、技術部門の大部屋に常駐してくれて本当に助かった。

大部屋の壁には、車両企画の概要、各部門、各部の目標や業務計画進捗管理表などを見える化したパネルを貼りだし、この部屋に来ればプロジェクトの進み具合が一目でわかるよう

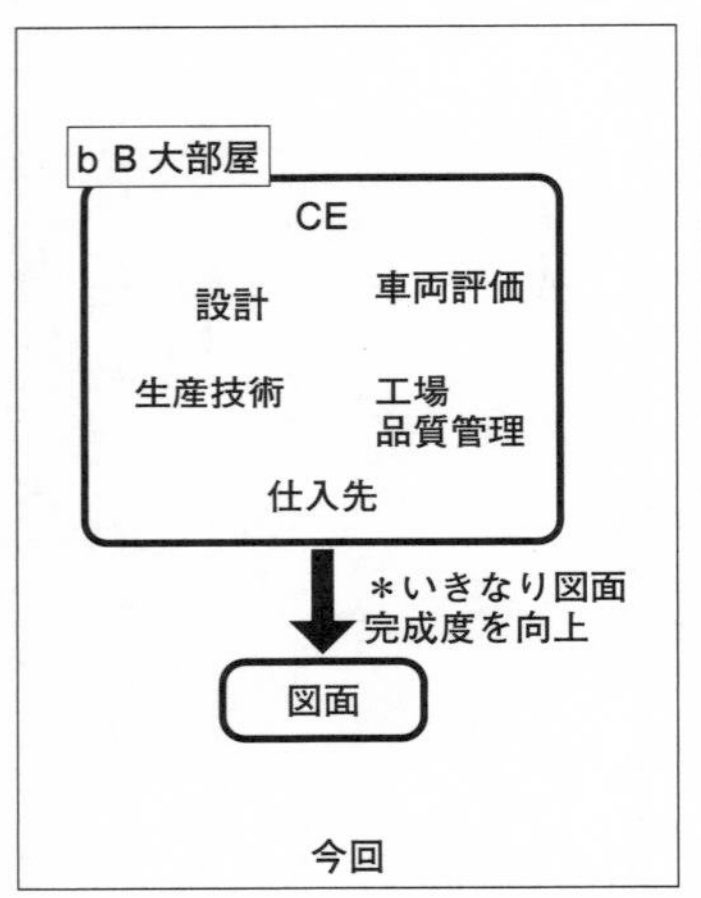

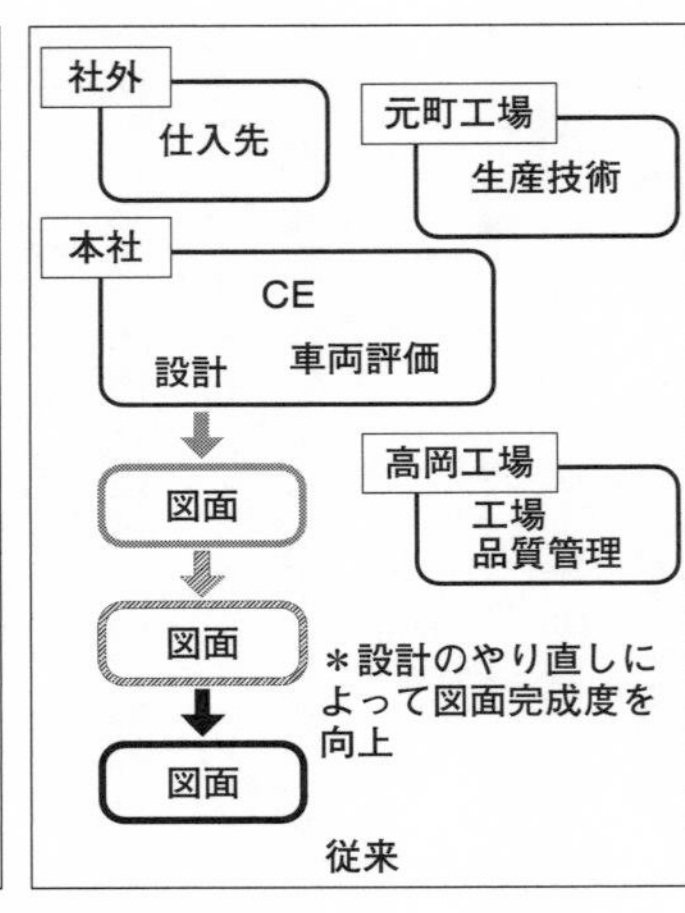

図１－１　大部屋制度の考え方

に工夫した。大部屋の中の大テーブルでは、すぐに図面を広げたり、ペーパーモデル（厚紙でつくった車体の部分モデル）などを前に議論できるようにした。即断即決を旨としていたので、ＣＥの私も議論に参加、プロジェクトを前進させるため全体最適の観点から意思決定を下した。

出図遅れ防止や図面完成度向上の策もいろいろ考え実行した。例えば、出図遅れをなくすためには、「３ステップＤＲ」を提案した。出図日の数日前になってチェックを受け大幅修正が必要になろうものなら出図遅れは必至。そうならないようにと、２週間前、１週間前、２日前の３回上司のチェックを受けるというものだ。これは、設計リーダーの坂本直君が愚直にやってくれた。

完成度を高める工夫の一つとしては、評価や生産技術の部署にもきちんと要望を図面に織り込みましたよという証に、設計図面にサインしてもらった。今まで設計図にサインしたことのない評価や生産技術部署のメンバーの中には責任感の重さで手が震える人もいた。

プロジェクトメンバー全員が、量産車では世界初となる試作車レス開発を何とか成功させようと寝食を忘れ取り組んでくれた。その結果、ほぼ100％の日程遵守率で、完成度の高い図面を出し切ることができた。図面を出し終え生産準備の段階になると、大部屋のロケーションは技術部門から工場（bBは高岡工場）へ移った。

完成度100％図面

試作車を造って不具合を見つけ対策、つまり設計変更を織り込む、これを繰り返して図面の完成度を向上させていくやり方が創業以来脈々と受け継がれてきたやり方だった。試作段階では1件でも多くの不具合を見つけることがリスペクトされることさえあった。しかし、裏を返せば、試作車の基になった図面の完成度の低さを表しているようなものだ。

私が入社した頃（1976年）から、設計チェックシート、設計マニュアル、不具合事例集、下手くそ設計事例集、生産技術要件書、評価部署や品質保証部署の不具合再発防止資料などを充実させ、設計変更を減らす、つまり図面完成度を向上させる地道な努力が続いていた。

その結果、3回まであった試作回数が、徐々に減り1回だけで済ませられるように進化していた。しかし、設計変更をほぼゼロにして即生産準備に取り掛かろうとするには、大英断が必要だった。

CAE、V－Commの他、さまざまな方法で性能予測を行い、摘出された不具合の対策をすべて正式図には反映するようにした。その舞台となったのが大部屋活動だった。出図後は、生産準備つまり量産金型、量産設備の手配、製作へと移行していった。生産技術部門だけでなく、多くの仕入先でも試作品をつくるプロセスを飛ばしていきなり量産準備にかかってもらった。

オートサロンへ出展

量産準備が本格化した頃、頭を悩ませたのが、発売準備だった。「どうやってbBのカスタマイズのコンセプトを若者のハートに届けるのか」。このテーマについても、これまでのトヨタの失敗を振り返り、これまでやったことのないやり方に挑戦するしかないと考えた。

bBのトヨタとしての正式記者発表は2000年2月に予定されていた。しかし、bBはあらゆるジャンルで流行っているカスタマイズをコンセプトにした車だ。毎年1月幕張メッセで行われ若者に大人気の東京オートサロン（昨今では東京モーターショーより注目度がアップしているが、当時はまだ怪しげな雰囲気の漂う改造車のショーだった）に出展できたら、若者の認知度は一気に高まり、販売に弾みがつくのではとチーム内の多田哲哉君が提案してきた。

彼の案は、アフターマーケット部やトヨタモデリスタインターナショナルを巻き込んでこれまでにないドレスアップ・カスタマイズパーツを取りそろえようというものだった。正式記者発表と同時にカスタマイズ車両を発表した例はあったが、正式デビュー前に、ドレスアップ車両が世間にお目見えした事例はなかった。

カスタム用品を事前に手配してもらうためには、極秘の意匠データを発表の相当前に用品メーカーに渡す必要がある。今までの常識では考えられないことだった。ドレスアップ＆チューニングカーを一堂に集めたミレニアム気分溢れる東京オートサロンは、ｂＢにふさわしい場所とにらんだ。

この時、東京オートサロンへの出展を取り仕切ってくれたのがトヨタ車のカスタマイズを担うトヨタモデリスタ東京の岸宏光さんだった。当時を振り返った彼のブログ「行雲流水」（２０１９年11月フェイスブックにアップ）から一部を引用させていただく。

その翌年の東京オートサロンは私の生涯で一番の思い出となった。ネッツからこれまでに無いコンセプトのクルマが発売されることになった。通称ブラックボックス！　まさに東京オートサロンに来る若者をターゲットにしたカスタマイズの申し子のようなクルマだった。

その頃私は「ネッツカスタマイズ事務局」としてカスタマイズモデルやパーツの企画やマーケティングをトヨタのネッツ店営業部から業務委託されていた。当然、そのクルマのカスタマイズ全般の商品企画に関わっていたが、トヨタからの依頼はそれだけでなく、東京オートサロンでそのクルマの事実上の発表にしたいと。そのプロモーションやイベントの企画まで請け負うことになった。

そう、そのクルマの名前はｂＢ！　ｂＢの話だけでも10回は書けるが、それはまたいつかとして、東京オートサロンで発表されたクルマは日産スカイラインなど、いくつかあったが少ない。トヨタとしてのｂＢの発表は２０００年の２月上旬と決まっていてオートサロンのタイミングに間に合わない。そんな厳しい条件があったので、私は正直この提案はトヨタ内で潰れるだろうと思っていた。ところが、ネッツ営業部と多田さんのいるＺ（開発ＣＥの所属するトヨタの組織）の意気込みは全然これまでとは違った。広報部や社内各部を説得しモデリスタに対し正式に東京オートサロンでの新車披露を委託されたのだ。

私はこれを受け、東京オートサロン出展のために10台の試作車の貸し出しをトヨタに依頼した。以前、フィアット５００のモデルチェンジの際、イタリアのトリノショーにカロッツェリアで個性的に仕上げた数台のフィアット500が展示され凄い話題になった事実がある。私は東京オートサロンの場をつかいbBでこれをやりたいと考えた。広報部からの要求は一つだけ、ブースも車もトヨタとかトヨタマークは一切使用しないこと。でも、これがかえってミステリアスとなりbBの話題性をさらに上げることに繋がった。

2000年の東京オートサロンのネッツ店からの依頼は2月に新投入されるbBをプレ発表すること。そのためにアフターのエアロパーツメーカー8社を選び事前に調整を行った。選ばれたのは東京オートサロンでもお馴染みの人気ブランド。WALD、ケンスタイル、DAMD、Gスクエア、ラブラーク、ジアラ、データシステム、XENONの各社だ。bBの車両情報はZにお願いし、99年の夏頃には情報提供した。しかし実際に動き出したのは11月頃からで量産トライでつくられた車が各社に届いてからになった。おそらくみなさんはクリスマスもお正月も返上してカスタマイズカーの製作に集中されたことだろう。私も事前にデザイン画は見ていたが実際のクルマを見たのは東京オートサロン前日の搬入の時だった。それに加えモデリスタからは、当時大流行のビレットバージョン。トヨタ純正用品から2台の用品装着車を準備し展示車は、なんと11種類になった。

これだけのクルマを披露するのに演出は欠かせない。あまりお金も時間も無かったので電通や博報堂などの大手の代理店にお願いすることはできない。どちらかというとクルマ関係は初めての制作会社にお願いし、クルマ業界には無い新しい演出を企画した。それは東京オートサロンのbBブースを当時大流行したクラブに見立て「DJ&club bBバーチャルサウンド2000」と称したクラブイベントにすることだった。

そのため、今や常識となったイベントでダンサーを踊らせることに初チャレンジした。プロのダンサーは3名とし、他はモデルやレースクイーン経験者からオーディションで7人を選んだ。ダンス経験者やセンスある人を選んだつもりだが、オートサロンまでに3〜4曲のダンスを揃えるのは大変だった。みんなモデルの仕事で忙しい売れっ子ばかりだったので、仕事を終えてから本当のクラブに集まり深夜までレッスンが続いた。中には途中で音をあげる子もいたが、だんだん仲間意識も生まれて本番では素晴らしいダンスを披露してくれた。半分以上はダンス初心者ばかりだった。

DJも東京で人気のDJを3人も起用し、メインMCはタレントのナオミ・グレースを起用した。ブースにはトヨタの名前は一切出さず、高さ2メートルの巨大ステージを中央に配置し周りを11台のカスタマイズカーで埋めた。クラブイベントは毎日、4〜5回行い女の子は毎回、汗だくになって踊った。このブースは何だ？　という疑問と驚きで話題騒然となった！　コレがきっかけとなり新発売されたbBは大ヒット、その後、club bBと命名された彼女たちダンサーもメガウェブのイベントや地方の販売店さんのイベントにも呼ばれた！

外観をカスタマイズした〝ドラゴン〟bB（2000年２月、記者発表会）

大ヒット

東京オートサロンでの発表は大成功。トヨタのマークを一切見せなかったので、まるで新しいｂＢブランドが生まれたかのようにマスコミは取り上げてくれた。大きな話題となり、若者だけでなく業界全体にもインパクトを与えた。翌２月にはトヨタとして公式なｂＢ記者発表が行われた。

それらの甲斐あって大ブレイク。発売から1ヵ月で、当初の見込み月３０００台を大きく上回る8倍強の2万５０００台の受注を挙げ、以後1年近く、月に1万台近くが売れ続けた。

「デザイン的に一歩手前の完成度の車（ベター）を買って自分好みにカスタマイズ、完成度を上げる（ベスト）コンセプト」は大当たりした。販売台数は大きく伸び、当初の狙いだった若者シェアも挽回できた。自動車雑誌だけでなく、ビジネス雑誌の「プレジデント」でも「おじさん会社の決断『若手の感性に口出しせず』」と大きく取り上げられた。トヨタの製品開発が変わりつつあるという論調がうれしかった。ちなみに「開発費を半減せよ」との目標も達成できた。

第2章　トヨタの新車開発の流れと開発（広義）の組織体制

（1）新車開発の流れ

開発の各プロセスは並列で進められる

第1章では、新車開発の事例としてファンカーゴやbBを紹介したが、第2章では一般的なトヨタの新車開発の流れを紹介したい。自動車の開発というと、大半の方が思い浮かべるのは、さまざまな市場の声を集める商品企画に始まり、デザイナーがスケッチを描きクレイモデルをつくり、設計者が図面を描いて、試作・評価、生産準備、量産トライを経て、工場での大量生産に至るというもの。愛知県豊田市のトヨタ本社地区にある広報施設トヨタ会館の「クルマができるまで」の解説でもこの流れで説明されている。

1　調査企画「クルマはお客様の声から生まれる」
2　デザイン「クルマのイメージを絵にする」
3　クレイモデル製作「実物大のモデルをつくる」
4　カラーデザイン「クルマの色を決める」
5　設計「クルマの設計図をつくる」

6　試作車製作「試作車をつくる」
7　テスト「たくさんのテストをする」
8　生産「工場で生産する」
9　輸送「クルマを運ぶ」
10　納車「お客様のもとへ」

しかし、残念ながら、ここでの説明には、本書のテーマであるＣＥは登場しない。大きな流れはこの通りだが、現実には、各プロセスが次ページの図２－１のように直列ではなく、図２－２のように並列で進められている。それぞれのプロセスをどのような部門、部が担当するのか、会社経営層の意思決定がいつどのように下されるのか、この流れの中で開発責任者のＣＥがどんな役割、立ち回りをして、新製品開発をまとめていくのかを説明したい。なお、自動車業界では、意匠が承認されてからラインオフまでの期間を開発期間と呼んでいる。１９９０年代半ばまでは日本の自動車業界では、平均で30ヵ月かかっていたが、市場の売れ筋にあわせて機動的に新車を投入できるようにすることが経営課題となり、各社とも期間短縮にしのぎを削った。その結果ｂＢでは13・５ヵ月、イストでは10ヵ月を達成した。

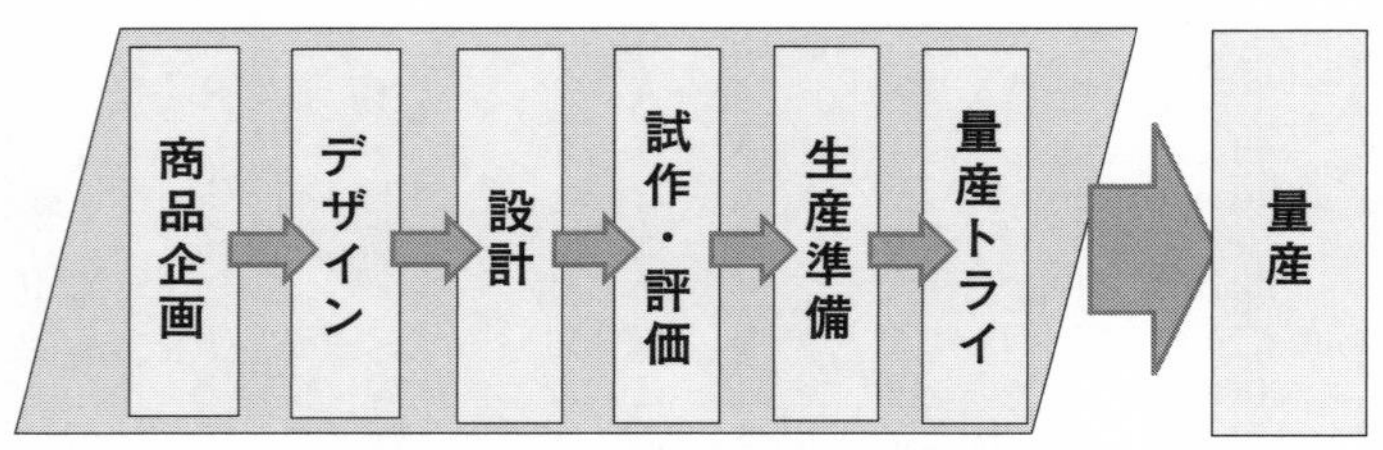

図２－１　開発〝直列〟の流れ

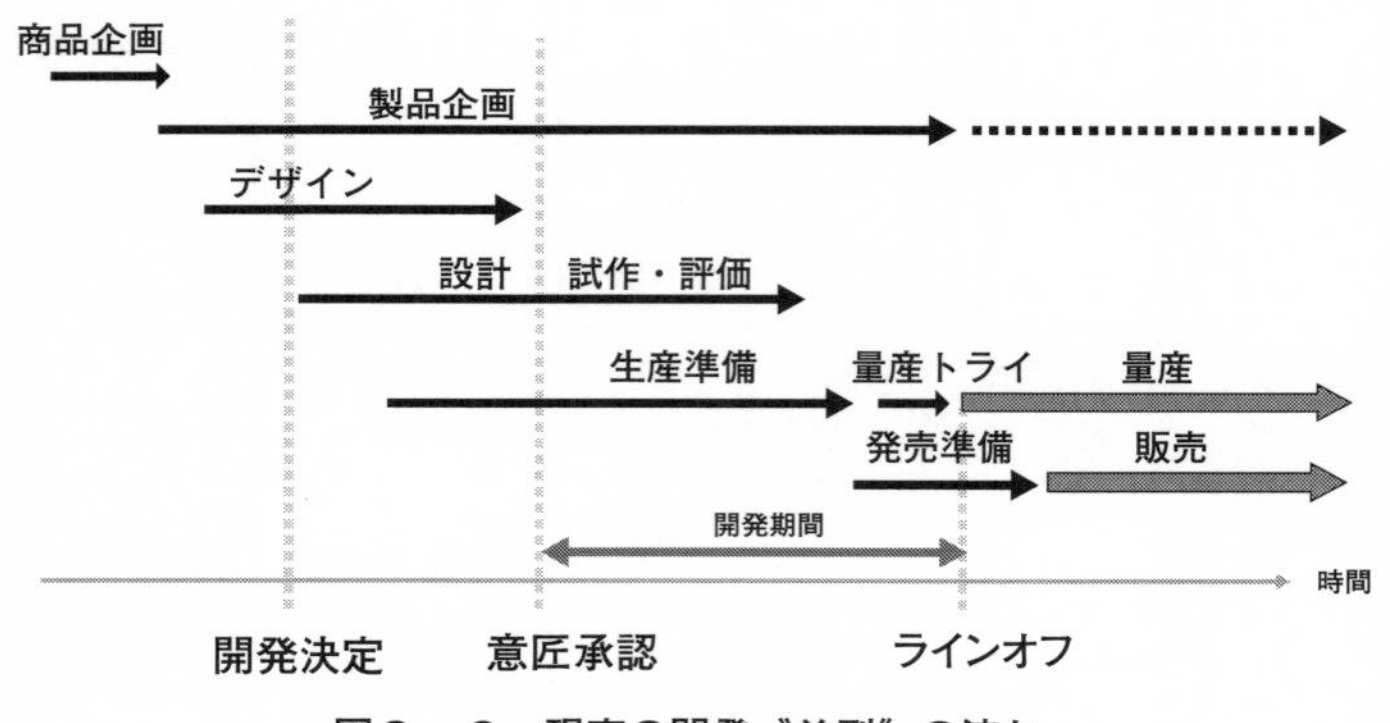

図２－２　現実の開発〝並列〟の流れ

さて、図２‐２では、図２‐１になかった「製品企画」という言葉が登場する。後述するが、ここでは次のように認識していただけたらと思う。

商品企画：商売、営業面から見た車両についての規定

製品企画：開発、生産面から見た車両についての規定

さらに、開発という言葉についても定義しておく。狭義の開発（製品企画、デザイン、設計、試作・評価）という意味で使われる場合と、広義の開発（前工程の商品企画、後工程の生産準備、量産トライまでを含める）という場合がある。トヨタ学研究者や経済ジャーナリストもしばしば混同している。本書では、開発とは狭義の製品開発という意味合いで記述したい。広義で使う場合は、本章のタイトルのように開発（広義）とする（〇〇開発と呼ばれる言い方、例えば商品開発、製品開発、技術開発、研究開発、R＆D＝研究・製品開発、先行開発、量産開発などのようにも使われるので本当にややこしい）。

さらに、新車開発には大きく分けて、A、B、Cの３つがあるが、本書では、圧倒的にプロジェクト数の多いB、Cを前提に話を進める。

A　燃料電池車ミライ、初代プリウスなどメーカーオリエンティドの車
B　市場創造型車、いわゆる新車名の車
C　市場対応型車、いわゆるモデルチェンジの車

商品企画

図2－1、図2－2に示したように、新車開発の始めの一歩は商品企画からスタートする。事務屋を主体とする商品企画部では、まず、中長期的なラインナップ、つまり既存車種、例えば、主軸車種クラウン、コロナ、カローラのモデルチェンジをいつ行うとか、拡大する新市場向けに兄弟車や新車名モデルをいつごろ投入するかという新商品計画を立案する。次に、各モデルについて、ターゲット購買層が確実に存在するのか、購買層の心を摑むセリングポイントは何か、販売価格帯、販売目標台数などを大まかに検討。商品企画会議に上程し経営トップの承認をもらう。商品企画会議で承認されると、ＣＥや主査が任命され、いよいよ開発、生産のための製品企画がスタートする。

一般論としては、このような流れで商品企画が、そして次のステップの製品企画が始まるが、実際には、いろいろな始まり方があった。例えば、ｂＢのプロジェクトが始まったいきさつは第1章で紹介した通りだ。

8代目カムリ（２００６年1月発売）では、約5年のモデルチェンジ周期が巡ってきて、そろそろ次のモデルチェンジ開発を始めなければならないタイミングとなり、ＣＥの指名を受けた。当時のカムリは米国では乗用車ナンバーワンの座を争うほど多くが売れていたが、「退屈な車」という声も聞こえていた。「ｂＢの時のように、従来の延長線上ではないモデルチェンジをやるように」と製品企画担当の役員から内示をもらった。ピーク時には年間で世界販売台数80万台以上を目論むプロジェクトだっただけに、その重圧をひしひしと感じたことを今でもはっきりと覚えている。

プロボックス・サクシード（プロサク）では、カローラバン、カルディナバンの商品力が落ちてきたので、それらを統合して、ヴィッツのプラットフォームを使って統合モデルチェンジを行うという商品企画の下でＣＥの指名があり製品企画がスタートした。

製品企画

①ＣＥイメージ

商品企画会議での承認案をベースに、ものづくりの世界でも通用するよう翻訳するのが製品企画。

もう一度CE自身が腹の底から納得できるように、さまざまなマーケティング情報、販売部門（国内企画、海外企画、トヨタ店営業、トヨペット店営業……）の声、品質部門からの指摘、さらには競合他社の新車情報を集め、これから製品開発する新型車の開発キーワードや車両概要（車両主要諸元、性能、デザインイメージ、セリングポイント、価格帯など）をCEイメージとしてまとめあげる。CEとしての初の大仕事となる。

この段階では、原価や開発費の制約は一時頭の片隅へ追いやり、夢や理想も織り込んだりする。デザインや車両の具体的な検討を推進する核として関係部署へ提示する。

CEイメージを基に基本レイアウトを5分の1パッケージ図（住宅にたとえれば間取り図）に表現し、デザイン部や設計各部でさらに具体的な検討を始めてもらう。

ちなみに8代目カムリのCEイメージは、「ミディアムセダンの新たな世界基準を築こう」を原点に発想を膨らませた。

②CE構想

CE構想とは、CEイメージをベースに、営業、デザイン、技術、生産技術、工場、品質保証などの各部門と新商品の実現性を調整した集大成。これをもって開発決定提案を行い、製品企画会議で会社トップの承認を得る。この承認が得られなければ開発は先へは進めない。何度もダメだしを食らい開発が遅れてしまったプロジェクトをいくつも横目で見てきた。一発で承認をもらうのがCEの腕の見せ所だ。

ちなみに、私のCE時代に担当した8代目カムリの開発提案は以下の構成だった。

1　企画の背景
2　開発の狙い
3　セリングポイント
4　商品力目標
5　パッケージ
6　車両各部概要
7　車種構成
8　質量企画
9　原価企画
10　開発大日程

セリングポイントは名の通り、新車の「売り」で、8代目カムリの場合、以下をあげた。

①ＦＦセダンの通常進化を超越したパッケージによる新スタイリッシュセダン
②クラスダントツの安全装備
③新型Ｖ６エンジン＋新型オートマティックトランスミッションによる感動の加速感
④ダントツの内外装品質感

具体的には、デザインコンセプト、性能目標、法規制対応レベル、仕様装備、主要５設計（ボデー、シャシー、エンジン、駆動系、電子）でどのような要素技術を用いるかを説明する。後で詳述するが、原価企画の観点、つまり目標利益額が経理部門から示されるので、実現できそうかも説明しなければならない。約半年後の製品企画会議で原価目標が審議され承認をもらうことになる。たいていは、目指す車の商品力と与えられた原価目標とは大きく乖離し、実現に向けた苦難の道のりが始まる。

ＣＥ構想が製品企画会議（開発決定）で承認されれば、いよいよデザイン、設計のフェーズへ移っていくが、製品企画としては、車両仕様書を発行したり、原価や質量の集計、構想通りに設計が進んでいるかのフォローをしたりと多くの仕事が待ち構えている。

デザイン

CEイメージ、CE構想で提示されたデザインコンセプトに基づいて、エクステリア、インテリアのそれぞれの担当デザイナーがスケッチを描く。少し遅れて外形カラー、内装ファブリックの検討も始まる。グローバルモデルになれば、米国、欧州のデザイン開発拠点も競作スケッチを描く。そうして集められたさまざまなスケッチはセレクションにかけられ絞り込まれ、クレイモデルのステージへ移行していく。クレイモデルも最初は5分の1サイズだが1案に絞り込まれる頃には1分の1サイズとなる。また、1990年代末からは、クレイモデルだけでなく、デジタルモデルも製作されデザイン検討の期間短縮に貢献した。

デザインは商品の売れ行きを大きく左右するので、3つの大きな関所（意匠選択、意匠確定、意匠承認）が設けられ、その都度、営業部門や経営陣の声、時代のトレンド変化や競合他社情報もしっかりフィードバックされる。こうしてデザイン案の選定や絞り込みが進み、最終案に近づいていく。

1分の1サイズでの検討の段階になると、設計や評価部署、生産技術部門とのデータのやり取りが始まり、設計的に構造が成り立つか、性能面（特に空力性能）は大丈夫か、工場で量産が可能か、原価面でも目標原価に収まりそうかなど、多くのポイントが慎重に確認される。デザイナー、設計者、生産技術者との間で激論が交わされることも珍しくない。方向づけの場にはCEも同席し注文をつけることもある。開発決定と並び経営トップから意匠承認を得るのがCEにとって開発前半の大きなヤマ場となる。承認を受けたデザインのデータを後工程に出力しデザイン開発は完了となる。

多くのプロジェクトではこのようなデザイン開発の流れだが、私の経験したbBやイストの場合は違った。共に、デザイン部での先行検討の段階で、良いデザインができたということで、いきなり量産化の方向づけがなされ、急遽(きゅうきょ)、本格的な設計業務をスタートさせることになった。一方、デザイン承認をもらうのに苦労したプロジェクトもある。初代ラウムではなんと9回も審査に落ちて、設計がなかなかスタートできなかった。

設計

主要設計5部（最近では業務の細分化に伴い部の数は増えている）と呼ばれるボデー設計、シャシー設計、エンジン設計、駆動系設計、電子設計の各部（部の名称はわかりやすいように変更している）が部品の設計を担当する。

確定したデザインに基づき、大量生産が可能な設計情報（図面）をつくる段階が設計である。

設計というと、図面を描く作業を思い浮かべるかもしれないが、実際の設計では、まず図面を描く前に、その部品に課せられた役割を、与えられた制約条件（原価、質量、生産制約……）の中でどう実現させるか、形状も工学的に美しいかなどを検討し尽くす。図面を描く作業は、それらの検討を終えすべてが決まってから後の作業だ。

といっても、なかなか一発で100%の図面が描けるわけではない。実際には3段階、つまり、①構造計画図、②SE（サイマルテイニアス・エンジニアリング）図面、③正式図面の順に完成度を高めていく。

①の構造計画図はボデーの骨格、結合部位の板合わせの断面図集のようなもの。②のSE図面は、ゴルフにたとえれば素振り、試打だ。SE図面は後工程の生産技術や工場部門へ渡され、つくりやすさとか生産設備や金型設計の事前検討に使われ、その検討結果は③の正式図面にフィードバックされる。ボデー設計の守備範囲は大半がデザインに依存するので、新設図面点数は一番多い。

さて、ここまでのボデーとはいわゆる車体の鉄板部分の設計のことで、車体に組付けられる何万点もの部品の設計は、多くのサプライヤー（協力会社）にお願いする。トヨタが外注部品設計中入書（外設申）を出し、サプライヤーで設計を行いトヨタが承認するスタイルだ。代表的な例は、エアコン（デンソー）、コンビネーションメーター（デンソー）、ヘッドランプ（小糸製作所）、リアコンビネーションランプ（小糸製作所）、カーオーディオ（パイオニア）、エンジンコンピューター（デンソー）、ワイヤーハーネス（住友電装など）、タイヤ（ミシュラン、ダンロップなど）、等々。

シャシー設計部、電子設計部でも計画図をまず描いて、さまざまな部門の検討結果をフィードバックさせて100%完成度の正式図を目指す。トヨタ内製図もあればサプライヤーにお願いする図面もある。エンジン、駆動系の設計は、ボデー、シャシー、電子部品に比べてはるかに試作・評価期間が必要になるため、エンジン、駆動系を新設する場合は車両の製品開発とは別の日程で開発が進められる。既存エンジン、既存駆動系を搭載する多くの場合は、搭載や車両適合の設計がメインとなり、新型車の製品開発日程計画の中に組み込まれる。

こうして出来上がった図面は、最後にCEがサインしてはじめて成立する。すべての設計図には一枚一枚に関係者のサイン欄がある。サイン欄は、設計者本人、その上司、製品企画部に分かれている。製品企画部のサイン欄は一つだが、たいてい、CE付き（主査、課長級、係長級）とCEの2名がサインをする。

試作・評価

①試作車ありの場合

描かれた図面を基に試作品が造られる。まずは、製作日数が多くかかる車体が板金で造られる。試作車のボデーでは、金型で絞った鉄板を、スゴ技を持った匠が緻密な手加工を施して図面形状に仕上げる。試作板金工場で、自分の描いた図面通りの形が現れた時は感動の一瞬だ。そうしてできた鉄板部品を溶接し、蓋もの（エンジンフード、ドアなど）を組付けていくと、徐々に車体の形に近づいていく。

組付けられる部品（エンジンなどの大物から、エンブレムなどの小物までいろいろ）は、ユニット試作工場やサプライヤーにつくってもらう。そして、組付け順序に従い、指定期日に各々が集められる。塗装が終わったボデーシェル（鉄板でできた車体）に、量産時を想定した順番に組付けていき少しずつ完成形に近づいていく。この時、生産技術部門は、量産時でも確実に無理なく作業が行えるかを厳しく確認していく。ＣＥももちろん立ち会う。

ちなみに、試作車の製作コストは当時（１９８０年代）数千万円から高いと1億円。試作車が完成し検査に合格すれば、各種の評価部署に引き渡される。評価部署とは、安全、強度・信頼性、操縦安定性、動力、振動騒音、熱など。安全性の中には、衝突試験のように一発勝負で、あっという間にその役目を終える車もある。万一ＮＧになれば直ちに対策会議を開き対策を決め部品手配、試作車手配、次の試験の予定を決める。評価項目は、プロジェクトによりまちまちだが、ｂＢの時は約１４００項目だった。

こうしてさまざまな試験、不具合摘出、対策のサイクルを回し、すべての評価が合格になると、晴れて開発（狭義）が完了したことになる。

ここからいよいよ生産準備のフェーズに移行する。これまで説明したように、試作車を造り評価し、不具合を見つけ出して、その対策として設計変更を図面に織り込む。この繰り返しで図面の完成度を高めていく。私が入社した頃（１９７６年）は、試作は1回だけでなく2回、３回と行われていた。試作車の台数も多いプロジェクトでは１００台以上にもなった。

②試作車レスの場合

このように、試作車ありの開発では時間と費用がかかった。そこで、グローバルな自動車開発競争に打ち勝つべく、開発費用の削減、開発リードタイムの短縮のため、試作回数を減らす努力が設計・評価部署を始めとするさまざまな部署で重ねられた。

徐々に試作回数は減り、１９９０年代半ば以降のＩＴの急速な進展で、コンピューターシミュレーションを活用し、試作車を造らないで開発しようという動きになった。量産プロジェクトでの第1号が前述のようにｂＢで、その後、多くのプロジェクトで試作車レス開発が行われるようになった。

生産準備、量産トライ

生産準備も正式図面を受け取ってからスタートするのではなく、すでに構造計画図段階から始まっている。ＳＥ図の検討が完了する頃には、製品企画会議で生準着手という大きな関門（大きな設計変更の心配があるか否かが主なチェックポイント）が待ち受けている。いよいよ本格的に生産準備を始めてもらいますよと承認をもらう場だ。

これを経て、設計では正式図面を描き、生産準備では金型、設備設計が本格化する。実際の金型を造る前には、改めて金型製作に着手していいかどうかの確認の会議も行われる。サプライヤーでも同様に量産に向けた準備が進められる。ちなみにこうした段階でも、原価低減の努力は続けられている（例えば、材料の歩留まり、金型構造の簡素化による費用削減、生産設備の原価低減、工程サイクルタイムの短縮など）。

こうして、量産に向けた設備、金型が準備できると、量産金型で部品がつくられ、それらの部品が工場のパイロットラインに集められ、いよいよ量産トライ（この段階で造られた車は販売されない）といってラインに乗せて組み立てる作業が行われる。最初はゆっくりだが徐々に速くなり最終的には量産時と同じスピードでトライを行う。

この量産トライが工場で行われる際、ＲＥ（レジデントエンジニア）といって、ＣＥ始め製品開発部門のキーマンが工場に数ヵ月常駐し、設計通りに車が仕上がっているか、目標性能がきちんと出ているかを入念に確認する。また、日本国内向け車両は、国の認可を取得するために、量産トライの車両を使って認証試験を受検し認可を取得する。これで開発（広義）がすべて完了、晴れてお客様にお乗りいただく車の量産が始まる。

発売準備

開発も終盤に差し掛かると発売準備の仕事が本格化する。新車名のプロジェクトとなると尚更だ。広報プレスリリース資料チェック、カタログチェックなど、用語の使い方、寸法、性能など諸元の細かな数値まで目を皿にしてチェックする。

広報や営業ももう少し自分事として確認してくれればいいのだが、多くの場合、技術部門へ丸投げしてくる。そんな中最大の仕事は、テレビコマーシャルづくりだ。東京の宣伝部まで出かけ、広告代理店に新商品の概要やターゲット顧客について説明するのだ。たいてい3社の広告代理店が集められ我々製品企画の車両概要説明を聞いて、約1ヵ月後に広告代理店がコマーシャルの素案、つまり絵コンテなどが示される。俳優を使う場合は候補が示される。1案へ絞り込む投票にはＣＥにも1票が与えられた。

私の場合、新車名プロジェクトが多かったので、新車名の認知度アップに特にこだわった。お客様はもちろん販売店のスタッフにも新商品のことを早く覚えて欲しかった。

原価企画

第４章「ＣＥ制度を支えるトヨタの仕組み」でも詳しく述べるが、「製品企画の仕事＝原価企画の仕事」といっても過言ではない。トヨタの特長の一つと言ってもよい。製品企画の初期から始められ、何度も達成状況をフォローされる。量産が始まってからでも、例えば、円高緊急原価低減活動と称して特別低減目標が与えられることもあった。ＣＥは先頭になってその旗を振った。

「売価－利益＝原価」の公式から導き出される厳しい原価目標を各設計へ割り振る。もちろん何度もＣＥと各設計部署との間でキャッチボールが行われる。そして、各設計とともに目標達成に向け一緒に低減アイデアを検討する。

時には、低減策ばかりでなく「こんなにも素晴らしい車なのだからもっと高くても、たくさん売れるだろう」と営業に販売価格アップや原価企画台数の上乗せの交渉を行うこともある。また、競合他社の原価や生産現場にムダはないかなども徹底的に調査し、必要低減額の必達に向け、文字通り血のにじむような努力を続ける。

①ＳＥ図の始まる前の製品企画会議（原価目標審議）、②正式図出図後の製品企画会議

（原価達成報告）、③ラインオフ数ヵ月前の製品企画会議（原価の量産トライフォロー）の3つが、原価の観点での関門だ。図2－3に示すタイミングで、役員も勢ぞろいする製品企画会議が行われ、CEには厳しい質問、注文が浴びせられる。各々の関門では通過できる基準が設けられていて、それをクリアできないと先へ進めない。一発でこの関門を通過させるのがCEの腕の見せ所だった。

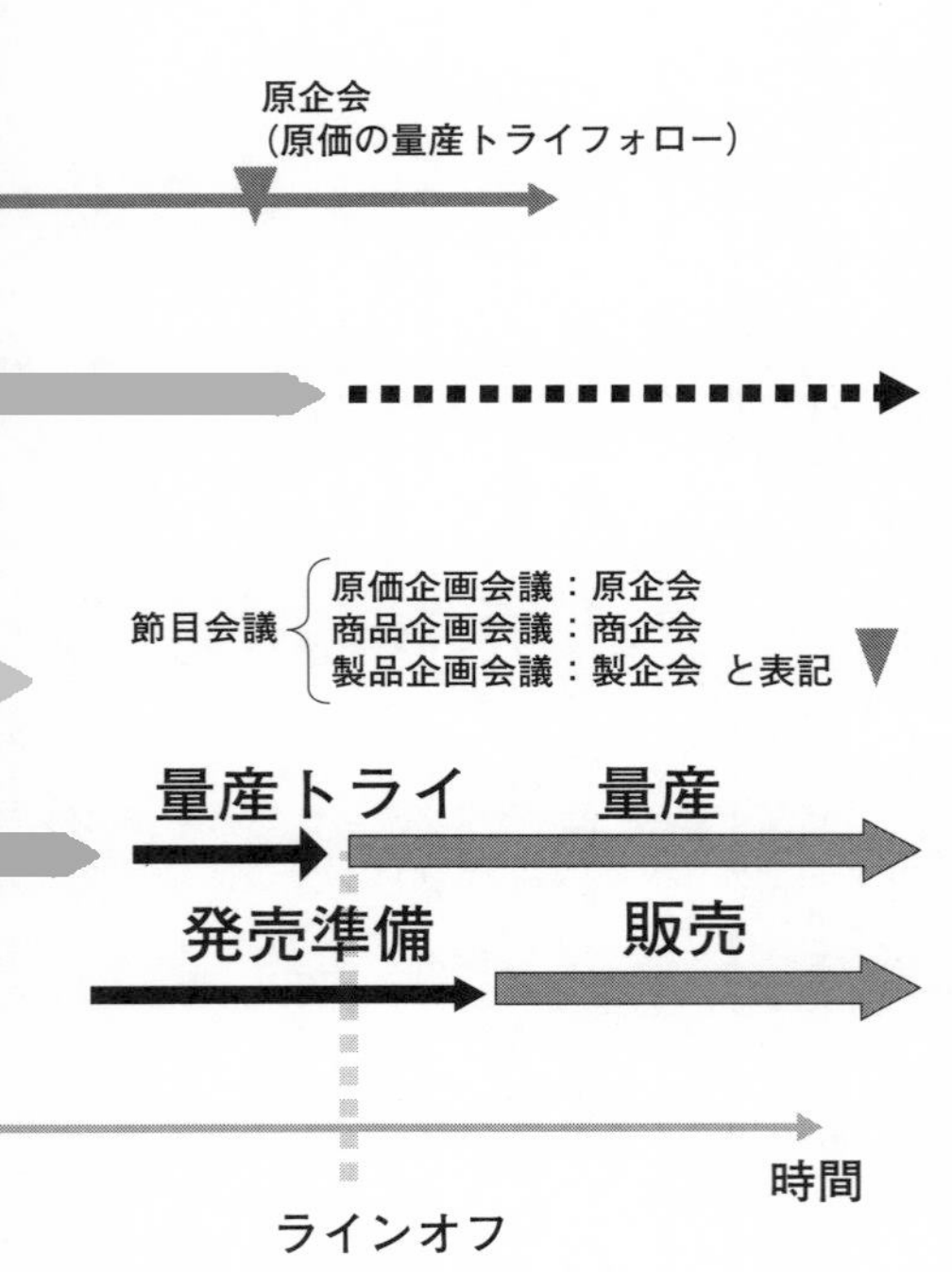

図2－3　原価企画の流れと重要な節目会議

「立ち上げ時期を延期してでも原価目標を達成せよ」と、トップの厳しい判断が下ることもあった。トヨタは本当に厳しい。後年ダイハツ移籍後に感じたことだが、ダイハツの開発では、未達のままでも、「立ち上がり後、量産原価低減活動をしますから」とお許しをもらい、そのままの日程で

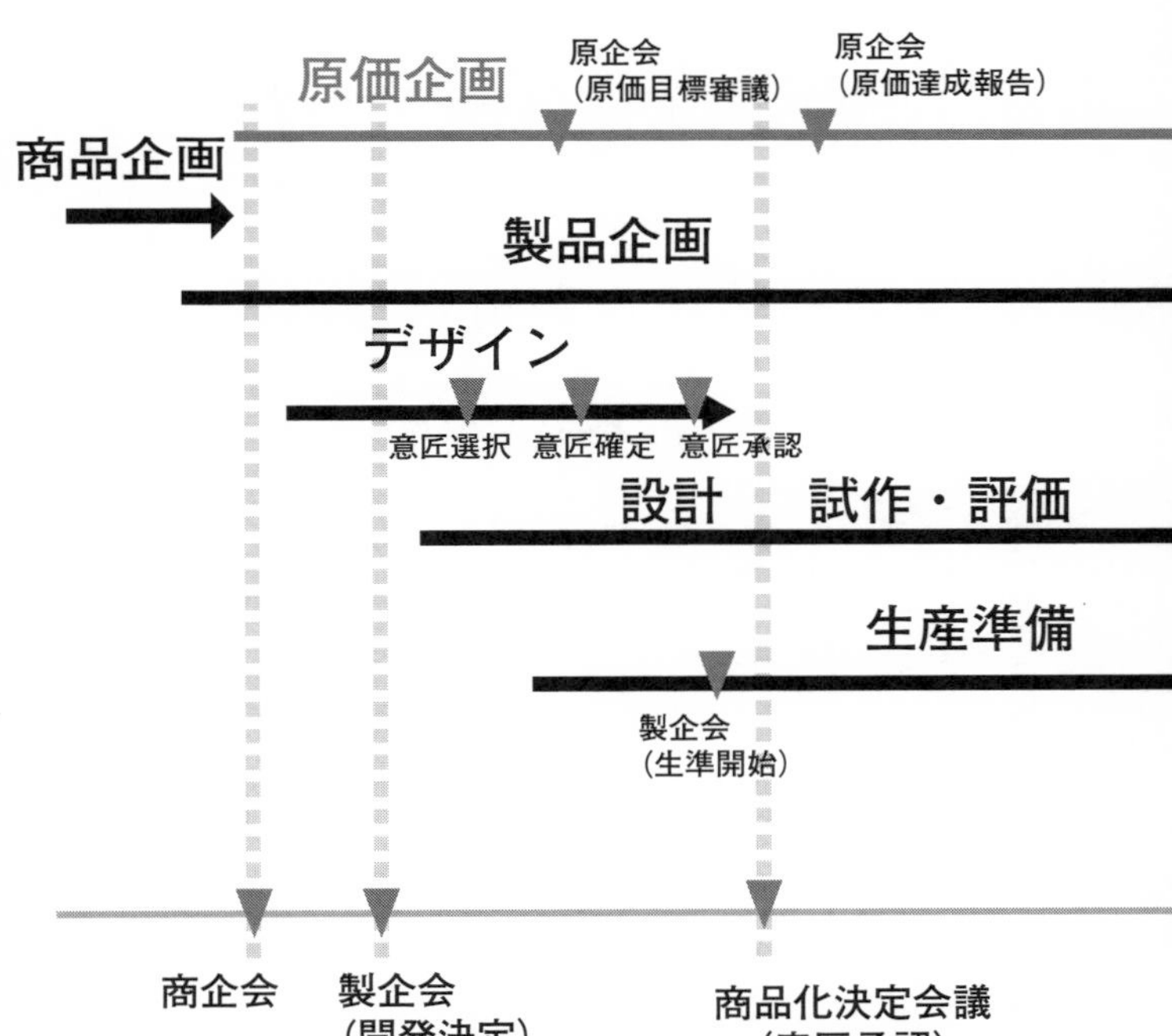

ラインオフさせることもあった。しかし、量産になってからでは、多くの原価低減は困難で、未達のままになることが多かった。

以上が新車開発の流れだが、一気通貫で見ているCEの存在に重要な意義があることがおわかりいただけたと思う。各機能の役割も大切だが、各機能の歯車が優れているだけでは、ヒット商品には繋がらない。

(2) 開発の組織体制

CEは製品企画部に所属

ここでは、開発組織、役割分担について紹介したい。その「製品の社長」といわれるCEはどの部門のどの部に所属しているのだろうか。62ページの図2-4に示すように、製品開発部門の中の製品企画部に所属する形となっている。製品の社長なのだから、全部門を統括できるよう組織的に上位に位置するのかと思われるが、職制上はそのようにはなっていない。製品開発部門（エンジニア集団）の中にいるので、トヨタではチーフエンジニアと呼ばれている（と私は思っている）。

図2-4に示すように、製品企画部門（主に量産開発を担当）と研究開発部門（主に先行開発や研究開発を担当）とを合わせて技術部門、または技術部と呼び、他部門に比べ圧倒的に多くの人員が配置されていた。会社の発展につれ、車種数が増え仕向け地も多様化し、組織が肥大化した。開発業務における車両プロジェクトごとのまとまりを尊重し、1992年9月に開発センター制（肥大化した製品開発部門を3つのセンターへ分割、第1センターではFR車、第2センターではFF車、第3センターでは商用車を担当）、2015年4月に

カンパニー制（企画、開発、生産技術、工場をひと括りに）へと大がかりな組織変更が行われた。その結果、当然のことながら部門や部署の呼び名も変更になった。本書では、自動車開発の流れ、部門ごとの役割、ＣＥの動きを理解しやすくするために、あえて開発センター制になる前のシンプルな組織を前提に説明させていただく。

関係する部門

「技術部門」といえども他の部門との関係はあくまで対等だ。図２－４に示した以外にも部門は存在するが、新商品の開発に関わりがある部門のみ示した。トヨタではそれぞれの部門機能は非常に強力で、各々が自分たちが正しいと信じ仕事を進める企業風土となっている。

「商品企画部門」は、開発（狭義）の前工程にあたり、新商品中長期計画や個別新商品の方向づけを行う。

「営業部門」には、国内企画部、海外企画部、国内なら各販売チャネルのディーラーを取り仕切る〇〇店営業部が存在、また、海外なら地域別に部が存在した。

「経理部門」には、財務会計を行う部署とは別に、管理会計を行う部が存在。ここの旗振りで原価低減活動が推進される。会社の利益計画を取り仕切り、新商品開発では台当たりいくら営業利益を上げないといけないかのガイドラインも提示する、会社の利益計画のセンタ

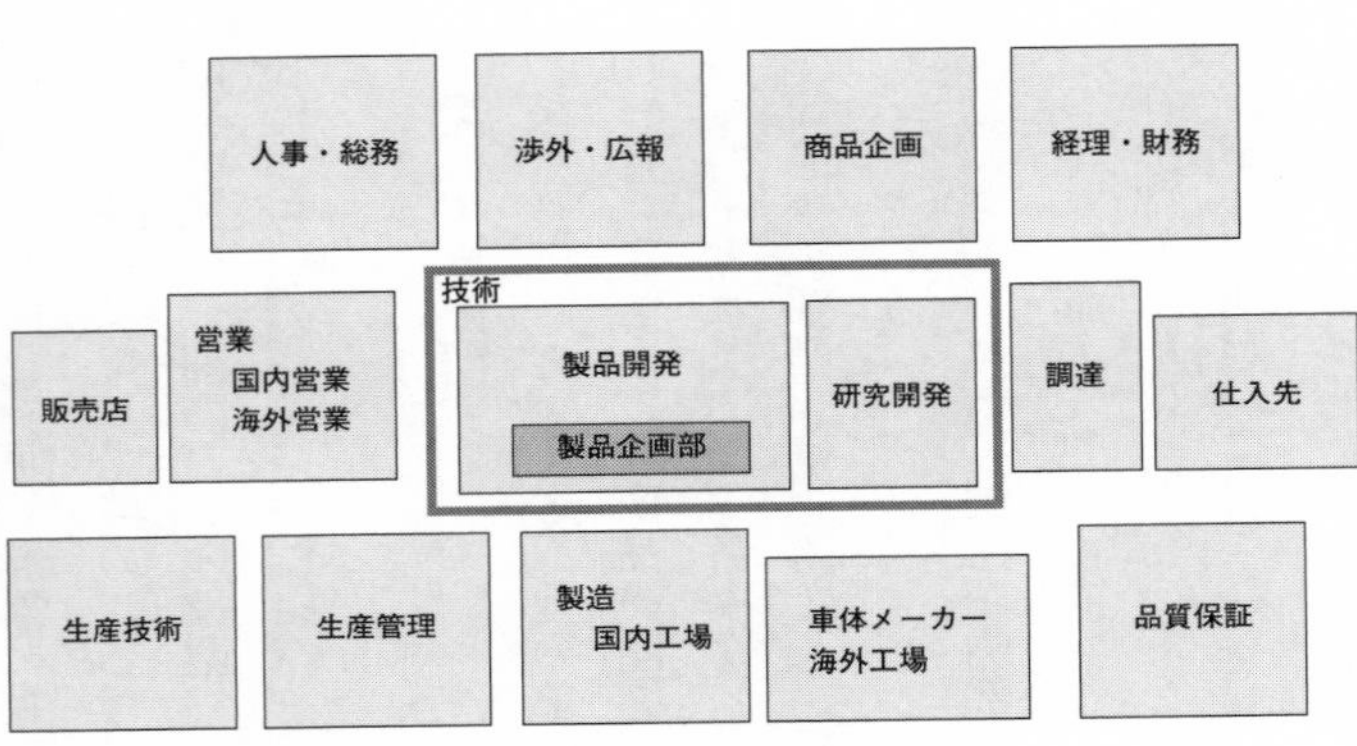

図２－４　主な部門

ー。

「調達部門」は、すべての調達品の統括部門。ＣＥにとっては、世界最適調達の旗印の下、コスト、品質、安定供給などを保証できる仕入先を見つけてくれる部門だ。

「生産技術部門」には、車体系ではプレス、溶接、塗装、組立、樹脂成型、ユニット系では鋳造、鍛造、機械加工、機械組付けなどの部署がある。トヨタ生産方式を体現する部門だ。

「製造部門」は、多くの工場のこと。元町、堤、高岡、上郷……、またボデーメーカーにも生産を委託していた。生産委託の例としては、ラウムはセントラル自動車（現在のトヨタ自動車東日本）、プロボックス・サクシードはダイハツ工業などがある。今では海外進出が進み世界中に多くの工場がある。

「品質保証部門」は、世界中に販売した車のクレームの窓口で市場不具合の真因を解析する。

技術部門

さて、技術部門は、製品開発部門と研究開発部門とから成り立っている。CEが所属するのは製品開発部門の製品企画部で、ここにはこれまで説明してきたさまざまな機能を担当する部が存在する。デザイン部、主要5設計部、試作部、車両実験部、材料技術部、知的財産部、技術管理部など。製品企画部の中には各CEごとにZ○（ゼット）と呼ばれるチームが存在。アルファベットの最後がZであることから、車両開発の最終責任を負うという意味合いだ。車種を表す英字を加え、例えば、カローラはZE、カムリはZVなどと呼ばれていた。

製品企画の各チームでは、CEの下に主査がいることが多かった。CEが直接指揮を執ることもあったが、カローラやカムリのような世界戦略車となると、CEの下に複数の主査がいた。例えば、私が担当したカムリでは、日本・北米のカムリ担当、アジアのカムリ担当、HV担当と3人の主査がいた。

さらに主査の下に主査付きといって課長クラス、係長クラスが4人から6人、大きなプロジェクトでは10人以上が付いていた。人数はプロジェクトの規模や難易度による。また、CEがボデー設計出身だと、主査付きにはエンジン設計や実験の出身者が付けられ、グループ

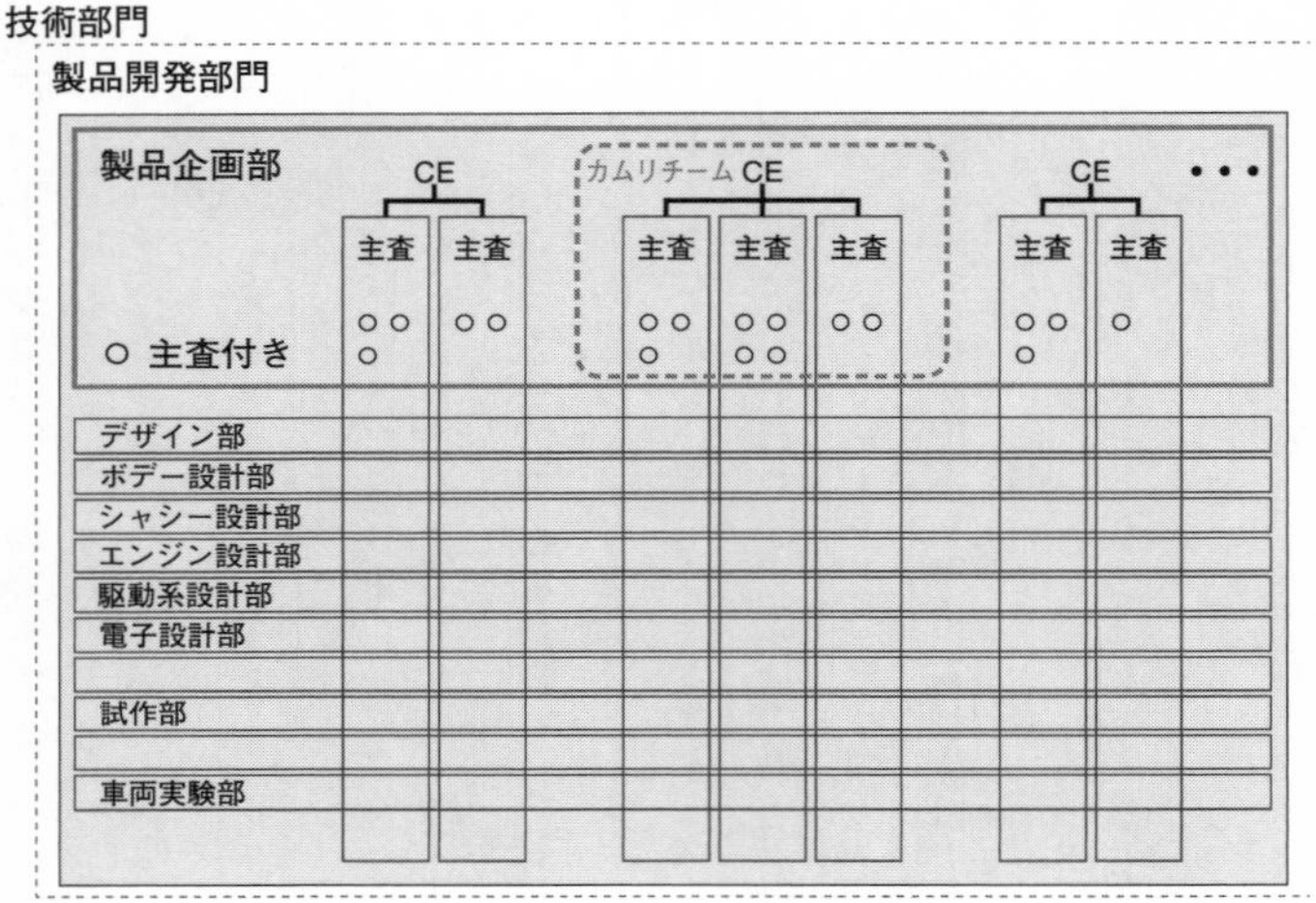

技術部門
製品開発部門
製品企画部
CE
カムリチーム CE
CE
・・・
主査 主査 主査 主査 主査 主査 主査
○ 主査付き
デザイン部
ボデー設計部
シャシー設計部
エンジン設計部
駆動系設計部
電子設計部
試作部
車両実験部

図２－５　CEの位置づけ

全体として偏（かたよ）りがないよう配慮された。ただ、主査付きはプロジェクトの始めから配置されるのではなく、開発が進み、業務が増えるに従い増員される。

　車両を任されたＣＥ・主査は、図２－５に示すように、たて串を刺すように、デザイン部、主要5設計部、試作部、車両実験部の各車両開発を担当するグループ、メンバーと連携を取り、開発実務を進めていく。ＣＥの上司は誰かとしばしば尋ねられるが、製品企画部のトップは例外で部長級ではなく役員だった。

　１９９０年代初めに行われた組織改革、センター制の導入後はセンター長である役員がＣＥの上司となった。ちなみに、製品開発部門のトップは技術担当副社長で、研究開発部門も統括していた。２０１６年４月には、製品群ごとのカンパニー制へ移行。７つのカンパニーのうち４つが車両カンパニーで、

「Toyota Compact Car Company」
「Mid-size Vehicle Company」
「CV Company」
「Lexus International Co.」。

２０１７年１月には５番目の車両カンパニーとして「新興国小型車カンパニー」が設立された。

というわけで、ＣＥは「その製品の社長」と言われる立場ではあるが、社内では製品開発部門の中の製品企画部の一部長に過ぎない。従って、自由に好き勝手にやれるかといえば、ノーである。原則、上司であるセンター長（役員）に相談し、了解をもらいながら、開発を進めていく。多くの場合、製品開発部門の外との連携、スムーズな仕事の受け渡しが必要なため、説得力、調整力、リーダーシップが非常に重要だった。トヨタは、各部門の力が強大で、その部門の方針に合致していればスムーズにいくが、新しいやり方に挑戦する場合などは苦労が絶えなかった。とりわけ試作車レス開発に初めて挑戦した時の苦労は格別だった。

ＣＥが「俺は決めた、これで行く！」と言い切った案が、各設計部で受け入れ難い内容だ

ったり、設計部署間の高度な調整を要する内容だったりする場合がある。そういう時は、主査、主査付きが調整役に回り現実解に落とすこともある。そのため、CE、主査、主査付きのコンビ／チームワークもCE制度の中では重要なポイントだった。

CEの一日

CEがいる製品企画のZグループには、設計者を始め製品開発部門の関係者、他部門の関係者がひっきりなしに訪れる。よろず相談所だ。一日中会議というのも珍しくない。「原価目標値が達成できないのでCE持ち分を分けて欲しい」という要望だったり、「性能目標がなかなか届きません」という報告だったり。しかし、CEとしては簡単に妥協するわけにはいかない。一緒に、現物を前に対策案を考えたり、アイデアを出したりと苦労は絶えない。

豊田市の本社にいるなら、分刻みのスケジュールで会議が続く。CEがすべての打ち合わせに顔を出すのは不可能なので、毎朝、何人かいる主査付きに、出席する会議を割り振る。打ち合わせの方向づけ、落としどころを指示して権限委譲せざるを得なかった。

あとは、現地現物を大切にするトヨタならではと思うが、現場に出向くスケジュールも多い。デザインの改善アイデアができたから見てほしい、不具合対策の改良案ができたから見てほしい、乗心地など性能向上を織り込んだ試作車ができたから試乗してほしい、などなど。

また、自分の担当以外のプロジェクトのイベントにも、勉強のため、ヒントをもらうために出かける。競合他車の分解展示の見学、部品別原価低減検討会へ出席、競合車の実車デザインレビュー、他のCEのプロジェクトの開発進捗報告会……。さらに自分がプレゼンしなければならない会議資料の準備（販売店代表者会議で新商品のプレゼン、社外での講演会など）もこれらの合間を縫ってやらなければならない。

国内出張には、部品メーカーでの新製品、新技術の提案イベント、東富士テストコースでの試乗会、開発委託先（セントラル自動車、関東自動車工業〈現・トヨタ自動車東日本〉、豊田自動織機、ダイハツ工業……）での業務報告会、広告代理店との打ち合わせなどがあり、海外出張には、海外調達部品の工場視察、生産工場での生産準備状況視察、量産トライの立ち会い、全米ディーラー大会、ジャーナリスト試乗会イベント対応などがあった。

新車発表後もCEは気が休まる暇はない。新車発表会は、基本的には社長の仕事だが、その後の記者試乗会対応、新聞や雑誌記者のインタビュー、販売店でのトークイベント対応はCEの仕事となり、土日返上で対応する。しかし、何か問題が起きて生産が滞ろうものなら、不具合対応に一目散で駆け付けた。

また、発表イベント後も、多くのお客様の声を分析、不満点の解消や改善、原価低減などの業務が待ち受けていた。

第3章　ＣＥの資質

私のCE17ヵ条

製品開発の要であるCEにはどんな資質が必要なのか。必要な心構えとはどのようなものか、私が体験をもとにつくった17ヵ条を中心に、具体的に説明しよう。

その前に、私はどのプロジェクトを担当した時も「好奇心」「思いやり」「想像力」という3つの心を大切にした。つまり、どんな車にしたら（コンセプト、車両パッケージ〈家でいうと間取り〉、デザイン、性能）ターゲットのお客様が感動してくれるかについて、「好奇心をたくましくし」「お客様や地球環境への思いやりの心を忘れず」「具体的に想像する」ことを心掛けた。

これから説明する17ヵ条は、その3つの心をベースにして考えたものだ。

その1「車の企画開発は情熱だ、CEは寝ても覚めても独創商品の実現を思い続けよ」
その2「CEは高い目標を完遂できる段取り力を身につけよ」
その3「CEは誰よりも旺盛な知的好奇心を持て」
その4「CEは自分の思いや考えをわかりやすく表出する能力を身につけよ」
その5「CEはいざという時に助けてくれる幅広い人脈をつくっておけ」

その６「ＣＥは自分のグループの人事・庶務係長と心得よ」
その７「ＣＥは愚直に地道に徹底的に図面をチェックすべし」
その８「ＣＥは愚直に地道に徹底的に原価の畑を耕し原価目標を達成すべし」
その９「ＣＥは自分の商品をどう売るか営業任せにするな、自分なりに宣伝、売り方を考えよ」
その10「ＣＥは自分に足りない専門知識は専門家を上手に使え、しかし常に勉強を怠るな」
その11「ＣＥは現地現物を率先垂範せよ、自らの五感を総動員して体感せよ」
その12「ＣＥは早い段階で『ユーザーとの対話型開発』を実践せよ、迷ったらお客様を観察せよ」
その13「ＣＥは開発日程遅れを最大の恥と思え」
その14「ＣＥは一生懸命若手や次世代ＣＥを育てよ、時には厳しく上手に叱れ」
その15「ＣＥは最も強力な新市場開拓の営業マン、積極的に新市場へ出かけよ」
その16「ＣＥは自分を支えてくれる関係者全員に対する感謝の心を常に忘れるな」
その17「ＣＥは24時間戦える体力、気力を日頃から養っておくこと」

以下、理解を助けるため、エピソードに登場する担当プロジェクトとその立ち上がり時期を示す。

●ラウム：1997年5月発売
ターセル／コルサ／カローラⅡのプラットフォームをベースにした、左右リアドアがスライド式の新コンセプト車。コンパクト車としては画期的なロングホイールベースを採用し、後席足元空間を確保。バックドアは横開き式。「ヒューマンフレンドリー・コンパクト」が開発テーマで、高齢者の乗降性にも配慮、グッドデザイン賞ユニバーサルデザイン特別賞を受賞。

●ファンカーゴ：1999年8月発売
ヴィッツのプラットフォームをベースにした5ドアトールワゴン、「走る部屋」がコンセプト。リアシートを簡単に床下に格納でき、さっと広い室内空間を確保できた。この室内空間の幅広い使い道を「第3のカタログ」で訴求し、発売後1ヵ月の受注は見込みの5倍の3万1000台。欧州でも「ヤリス・ヴァーソ」として販売、1999—2000年日本カー・オブ・ザ・イヤー受賞（ヴィッツ、プラッツと共に）。

●bB：2000年2月発売
ヴィッツのプラットフォームをベースにした5ドアトールワゴン、トヨタ若者層シェア奪還プロジェクトの切り札。カスタマイズを当初から想定したコンセプトで若者の心をつかんだ。発売後の1ヵ月の受注は見込みの8倍強の2万5000台。当初は国内販売のみだったが、2003年米国サイオンブランドxBとして輸出。また、量産車では世界初となる試作車レス開発に挑戦し成功し

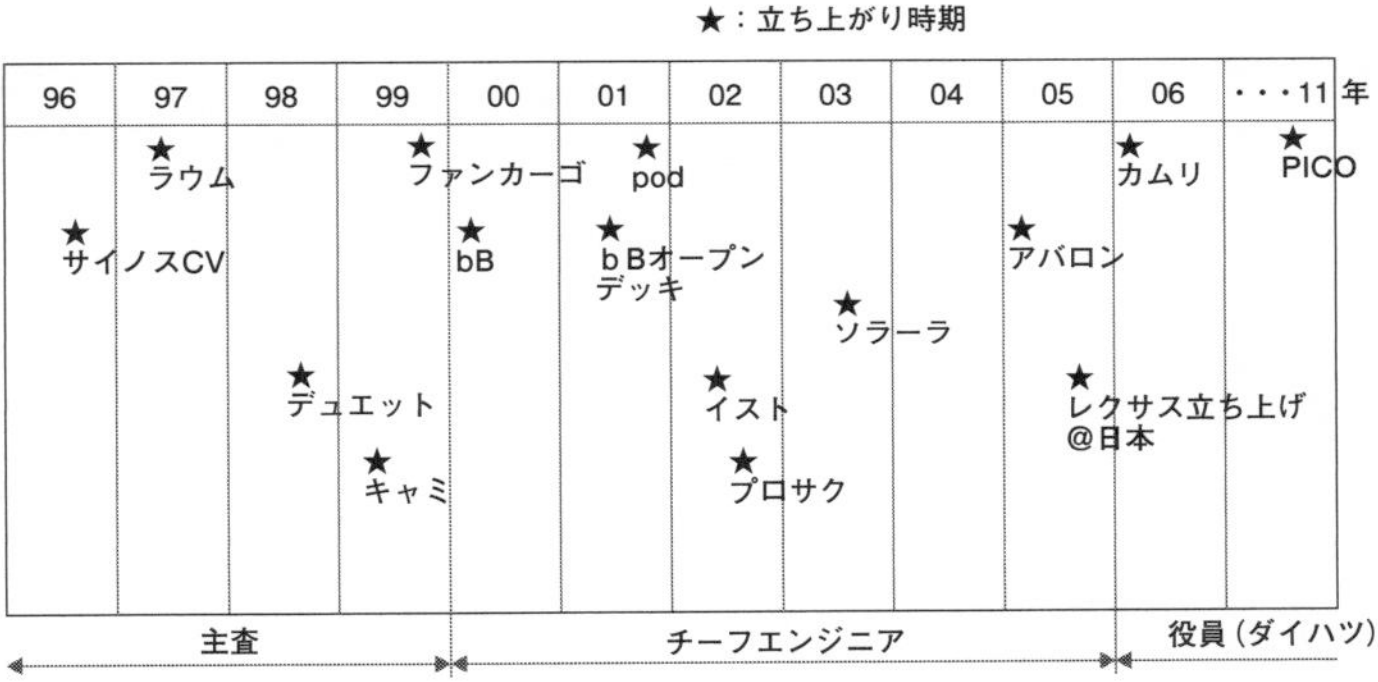

★：立ち上がり時期

96	97	98	99	00	01	02	03	04	05	06	・・・11 年
★サイノスCV	★ラウム	★デュエット	★ファンカーゴ ★キャミ	★bB	★pod ★ｂBオープンデッキ	★イスト ★プロサク	★ソラーラ		★アバロン ★レクサス立ち上げ@日本	★カムリ	★PICO

主査（96〜99）　チーフエンジニア（00〜05）　役員（ダイハツ）（06〜）

図３－１　担当した車種

た。

●ｂＢオープンデッキ：２００１年６月発売

ｂＢのボデー後ろ半分をモディファイ、荷台を持つピックアップトラックスタイル。助手席側の扉は観音開き。注目は浴びたが販売は不振で、予定を早め２００３年３月で生産終了。私が担当した中で唯一の不振モデル。

●イスト：２００２年５月発売

ヴィッツのプラットフォームをベースにした大径タイヤとクロスオーバーＳＵＶ風のデザインを特長とする５ドアハッチバック。ｂＢ同様、当初は国内販売のみだったが、後にサイオンブランドｘＡとして輸出。初代ｂＢに続き試作車レス開発、デザイン確定後からラインオフまでの開発期間は、ｂＢの13・５ヵ月からさらに短縮し10ヵ月を達成した。

●プロボックス・サクシード：2002年7月発売
カローラバン、カルディナバンの統合モデルチェンジ。NBC（New Basic Compact）プラットフォームをベース（リアの足回りは商用車用に新設）にした、画期的な性能を誇る次世代商用バン。2020年現在もモデルチェンジなしで生産が続く長寿命モデル。

●pod：2001年10月東京モーターショーで発表
トヨタ、ソニーの協業で開発したこれまでにないまったく新しいITコンセプトカー。「長く付き合えば付き合うほど、人とクルマが成長する」というコンセプトでモーターショー人気No.1を獲得。欧米のモーターショーへも出展した。

●デュエット：1998年9月発売
コンパクト5ドアハッチバック（ダイハツ　ストーリアのOEM）。

●キャミ：1999年5月発売
コンパクト5ドアSUV（ダイハツ　テリオスのOEM）。

●カムリ（8代目）：2006年1月発売
4ドアセダン、世界100ヵ国以上で販売、トヨタの収益頭のモデル。世界で年間80万台以上販売されたこともある。8代目カムリの生産工場は日本、米国、豪州、台湾、タイ、中国。ロシア生産も計画が進められた。車名の「カムリ」は日本語「冠（かんむり）」を基にした造語。米国乗用車販売台数Ｎｏ．１の記録は２００２年から２０１８年まで17年続いた。

●アバロン（３代目）：２００５年１月発売

カムリのプラットフォームをベースにした北米で製造販売するＦＦ大型上級セダン。北米トヨタブランドのフラッグシップカー、２代目まではプロナードの名前で国内でも販売。このモデルでは米国で初となる試作車レス開発に挑戦した。

●ソラーラ（２代目）：２００３年８月発売

北米専用のカムリをベースとした２ドアクーペ。コンバーチブルも設定された。製造は、北米ＴＭＭＫとカナダＴＭＭＣで行われた。

●ＰＩＣＯ：２０１１年11月東京モーターショーで発表

２人乗り超小型モビリティ。過疎地域の足、高齢化社会の足としてモーターショーでは多くの話題を集めたが、国に規格がなく、量産化には至らず。２０１９年ようやく規格ができた。

その1「車の企画開発は情熱だ、CEは寝ても覚めても独創商品の実現を思い続けよ」

技術力が最重要であることはいうまでもないが、技術力だけでは車の企画開発はできないし、情熱だけでもできない。

「一人でも多くの人を幸せにする乗り物を開発したい」というのが私の夢だった。胸が熱く沸き立つきっかけやその思いを持ち続けられた理由を思い出してみた。私が担当した開発プロジェクトは新車名プロジェクトがほとんど。コンセプトやデザインは特に斬新さを求められた。新車名にふさわしい商品にしようと思えば、開発のやり方も従来の延長線上ではなく、新しいやり方に挑戦せざるを得なかった。

例えば、移動手段がなく困っている人たち（足腰の弱ったお年寄り、公共交通サービスがなく外出できない人）を目の当たりにした時、「自動車メーカーの人間として何とかできないのか」と考える。

例えば、「他社はできて、トヨタはできない」というテレビや新聞の報道を目にした時の悔しさが「じゃ、俺がやってやろうじゃないか！」と奮い立たせた。

ほかにも「トヨタが世界一の自動車メーカーになるのに少しでも貢献したいなあ」という思いや、重要プロジェクトを任された時の責任の重さが私を奮い立たせてくれた。

bB

第1章でも触れたが、１９９７年、当時の奥田社長は若者シェア奪還が進まないことに業を煮やし、社内ベンチャー組織ＶＶＣを立ち上げてしまった。本来その任を果たすべき技術部門は見放されてしまったのだ。何ということかと非常に悔しかった。その悔しさが私の心に火を点けた。技術部門でも若者シェア奪還プロジェクトをヴィッツ派生車で開発することとなり、我々のチームが担当することになった。「何としても若者に大ヒットするクルマを開発してみせるぞ」と自分自身に誓った。

8代目カムリ

２００１年12月、当時技術部門担当副社長の齋藤明彦さんから年明けからカムリのＣＥをやって欲しいと内示をもらった。正直大変なことになったと思った。カムリは当時、世界で年間60万台以上を販売するトヨタ収益の屋台骨だった。「失敗は絶対に許されない」。そのモデルチェンジを任されたプレッシャーは非常に大きかった。そのプロジェクトのＣＥへの指名が、私の心に火を点けたと思っている。さらに、年明けの日経新聞の記事に「世界各国のモデル切り替えをやりきる期間がホンダのほうが短い」と書かれているのを読み、ホンダに負けてたまるかという対抗意識がむらむらと湧いてきた。

この時に、カムリの日、米、豪、台湾、タイ、中国の世界同時立ち上げの構想は出来上がったといっても過言ではない。米国でのベストセラーカーはもちろん、世界中のお客様に感動していただけるミディアムセダンを開発しようと誓い、イラク戦争の余波、海外出張自粛令の中、米国のお客様訪問調査の強行へと繫がっていった（8代目カムリに関しては、本項の他、その2の世界同時立ち上げ、その4のRejuvenation、その6のメンバー勧誘、英訳秘書、コミュニケーション費用、その7の世界共通図面、その11のお客様宅訪問活動、その12のオーディオ受信性能も併せてお読みいただくと、開発全体が俯瞰（ふかん）できる）。

pod（コンセプトモデル）

これまでどこにもないまったく新しいコンセプトのITカーをつくれ！　しかもソニーと協業で。ユニークな商品開発で定評のあるソニーの開発部隊と一緒に仕事ができると心が躍った。新しいアイデアは異業種との交わりの中で生まれると考えていたので、アイデアが生まれる環境整備に腐心した。他に類似アイデアのない独創的なコンセプトの創造を誓った。

その甲斐あって、「長く付き合えば付き合うほど、人とクルマが成長する」という画期的コンセプトが誕生したのだった（その3のｐｏｄも参照）。

ＰＩＣＯ（コンセプトモデル）

日本では移動弱者が増加の一途だ。こうした人たちに「こんなクルマが欲しかった。助かった」と言ってもらえるような新しい乗り物をつくりたかった。「世のため、人のため」という思いがＰＩＣＯの企画、開発の原動力となった。

ＰＩＣＯとは２０１１年11月東京モーターショーへ出展した２人乗り超小型モビリティの車名である。

ダイハツの軽自動車一辺倒の事業からの発展、つまりもっと小さい乗り物の可能性はないのかを検討することになり、自らＣＥ役を買ってでた。当時私は商品企画本部長として開発現場から離れていたので、久々に新しいコンセプトづくりに関われると心が躍った。東京モーターショーでは話題を独占するようなコンセプトカーにしたいと思った。

日本社会の高齢化進展のスピードは世界一。それに伴い高齢者による運転操作ミスが原因とされる事故が増え続けていた。一方、地方の過疎化に伴い公共交通サービスは衰退の一途。買い物や病院通いに困っている人たちは多い。またガソリンスタンドの数もどんどん減っている。「そういう悩みを解決するパーソナルな移動手段」とコンセプトは固まった。

超小型モビリティのネーミングにもこだわった。小ささをアピールできるワードを求めて物理の単位系の本をめくっていて、ミリ、マイクロ、ナノに次ぐ10のマイナス12乗を表す単位ピコに出会った。これだ、超小型にふさわしいネーミングだと大いに気に入り早速採用した。

モビリティの特長は、以下のようなものである。

・コンパクトな車体サイズで2人乗り、左右ではなく前後の2人乗り
・ガソリン給油の心配は要らないよう家庭用電源で充電できる電気自動車、4時間充電で50キロ走行可能
・小回りが利き、最高速度は時速50キロ、走行モードと歩行モード（時速5キロ、歩道を走ることも想定）
・車体の構造で衝突安全を確保するのではなく、車体ディスプレー（「接近注意」や「ありがとう」等と表示）や音によって目立つことで安全を確保
・歩行者の飛び出しには緊急自動ブレーキが作動、ペダル踏み間違い時の発進防止（前後とも）

・運転席の緊急事態ボタンを押すと、緊急停止し車体ディスプレーが赤く光る
・価格は軽トラより安く　などなど

モーターショー会場では、舞台の上で自動ブレーキ作動や車体ディスプレーを実演した。非常に見栄えもしたので多くのジャーナリスト、お客様からの注目を集めた。私は原価を下げられればこのコンセプトなら市場で十分受け入れられると確信した。過疎化で移動手段に困っている人たちにも絶対に喜んでもらえると思った。

ダイハツPICO（東京モーターショー、2011年11月）

モーターショー直後、ＴＶの「報道ステーション」で特集テーマとして取り上げられた。ＥＶ、ＨＶ担当の一色清さんの特集だった。しかも特集としては最長時間の15分もの。開発の経緯、車両の特長、一色さんの試乗の様子が放映され、最後に一色さんが「今後2年間磨いてデビューし、2〜3年後にカー・オブ・ザ・イヤーを獲れればうれしい」とコメントしてくれた。うれしかった。是非実現したいと思った。

しかし、現実には高い壁が存在していた。国が認可して

いない規格だったのでこのような車は公道を走行できなかった。軽自動車と原付自転車との中間に位置するカテゴリーが存在しなかったのだ。一人乗りなら原付として認められすでにトヨタ車体がコムスを商品化していた。しかし、実際の使用シーンを考えると何としても2人乗りにこだわりたかった。

福岡県の元知事・麻生渡さんが音頭を取り全国知事連の支援のもと新カテゴリー設定の動きがあった。実証実験も行われた。私自身も日本自動車工業会の検討メンバーとして議論に参画した。東京大学教授の鎌田実先生はPICOを高く評価してくれたが、国は新しいカテゴリーをつくることには消極的でなかなか前に進まなかった。一番の心配は普通の車とこのような車との混合交通時の安全の確保だった。

また、しばらくするうちに、従前の軽自動車を普通車カテゴリーとして、2人乗りコミュータのようなものを新たに軽自動車と定義しなおそうという議論が出てきてしまった。軽自動車で飯を食っているダイハツ工業、スズキとしては死活問題。結局この超小型モビリティプロジェクトはお蔵入りとなり、水面下でこっそり開発していくことになってしまった。「報道ステーション」で市販化に期待をかけてくれたコメンテーターの一色さん、約束が果たせなくてごめんなさい。

2020年になり、ようやく2人乗りの超小型モビリティも登場する運びになったようだ。ＥＶの開発競争ではトヨタグループは出遅れた。いち早くコンセプトカーを発表したのだからそのまま開発を継続していたらと悔やまれてならない。

車椅子のまま運転できる夢のクルマ

１９９７年1月30日のＴＶ報道番組「ニュースステーション」、キャスター久米宏さんの言葉「日本は自動車産業王国とか言われているけど、こういう（車椅子の人が車椅子ごと乗り込んでそのまま運転できる）車が造れないのはみっともない。アメリカに20年先を越されている」が、私の心に火を点けた。日本の役所の体質や自動車メーカーの姿勢を暗に批判していた。

番組では、このようなクルマを必要とする車椅子の方が、米国から個人輸入して、認可を取得するための膨大な書類を準備する様子が映し出された。私はラウムを担当し、福祉車両を必要とするお客様のニーズにまだ十分応えきれていないことを痛感していた。トヨタでは、標準車に回転シートや車椅子用昇降リフトを後付けしたウェルキャブと呼ぶ福祉車両を開発し、その車種の拡大に一生懸命取り組んでいた。ウェルキャブ専任の斎藤隆主査（彼の後継者が中川茂主査で、ファンカーゴの床下格納シートを開発）が配されていた。

しかし、ＴＶに登場したような車の計画、構想はなかった。私は当時ｂＢオープンデッキ

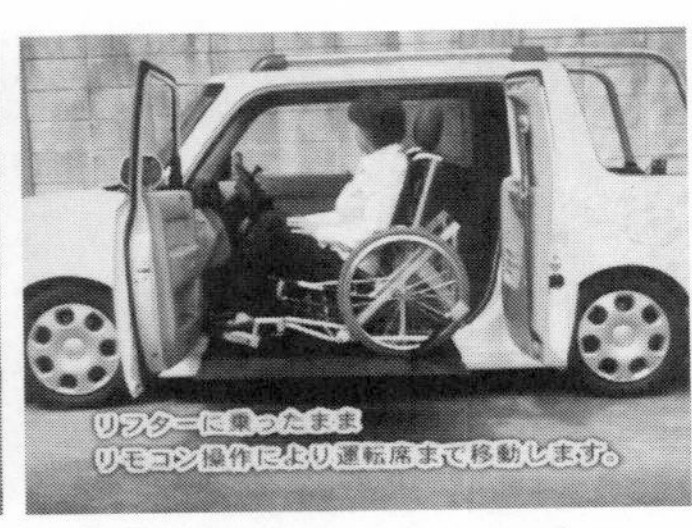

（専用）車椅子のままで運転できる車

車両紹介ビデオより

というbBの派生車を開発し終えたところだった。助手席側にはセンターピラーがなく、前後ドアが観音扉になっていて大開口が確保できた。そこを活用すれば、車椅子に人が乗ったまま乗り降りできる。そう考えると、早速、開発委託先の豊田自動織機の小川久さんにTV報道のことを説明し、協力をお願いした。

試作車を製作してくれることになったが、その車が上の写真だ。私は、会社の上層部に「これからの高齢化社会に向けた一つの検討プロジェクトにならないか」と働きかけたが販売台数が多く見込めないことから残念な結果に終わった。「ニュースステーション」の久米さんにも試作車を見てもらいたかったが実現しなかった。

その２「ＣＥは高い目標を完遂できる段取り力を身につけよ」

できないのは能力が低いからではなく段取りが悪いと思え。
プロジェクトの初めにラインオフまでの全プロセスを思い描き、自分なりの進め方を考えること。デザイン、設計、実験、生産技術、工場、新車進行管理、営業、調達の実務代表者と本音でプロジェクト全体の進め方を議論し、こだわり、マイルストーン、役割分担等を明文化、見える化すること。つまり大部屋活動の発想で取り組むこと。不測の事態（ワーストケースシナリオ）への対応も忘れずに。

世界初となった試作車レス開発（bB）、10ヵ月の超短期開発（イスト）、画期的原価低減（プロサク）、６工場同時立ち上げ（８代目カムリ）、これらは社内外多くの関係者の頑張り、協力があったからこそ成功したのだが、それだけではない。それらがうまくいったのは、具体的にプロジェクトが動き出す前に用意周到な仕事の進め方の作戦を立てたからだ。私を含めたキーマンとの打ち合わせからスタートし、順次議論のメンバーを増やし、どう仕事を進めて行くべきかの具体的な検討を尽くし、関係者との共有、共感に努めた。議論の結果は、作戦書として文書にまとめ、暗黙知ではなく形式知にするよう心掛けた。

プロジェクト進捗の節目会議

トヨタには、プロジェクト進捗を管理、フォローするさまざまな節目会議が存在する。開発が順調に進んでいますと会議で報告する資料づくりも製品企画チームにとって大変な仕事だった。bB、イストなど試作車レス開発では、試作車を造るプロセスがなくなったので、この節目会議の開催タイミングやフォロー項目も見直す必要があった。

これまでは、試作車の存在が大前提で、静的、動的な問題点を何件摘出できたか、その対策織り込みがどのくらい進んでいるかをフォローするやり方だった。しかし、試作車レス開発では、実車が存在しない、従来のフォローのやり方、タイミングを見直さざるを得なかった。会議の基本的なコンセプト（議長、出席部署、報告内容、意思決定事項）については、我々の製品企画チームが発案し新車進行管理部に提案した。以下、5つの会議だ。

［事前準備状況確認］
［第1回：総合キックオフ］
［第2回：生産準備着手確認会議］
［第3回：量産トライ移行確認会議］

［第４回：量産移行確認会議］

その後、このやり方が少しずつ進化し、現在は総合推進会議として定着していると聞いている。

イスト――10ヵ月間の開発に挑戦

イストの開発ゴーサインは異例だった。デザイン部が先行開発で考えたコンセプトと、それを表現するエクステリアのＣＧ（コンピューターグラフィック）スケッチをトップにプレゼンしたところ、いきなり量産化せよとの指示が出てしまったのだ。通常は競作案を含めスケッチ検討、その後クレイモデル検討を繰り返しようやく量産化するか否かの判断となる。しかしイストではクレイモデルをつくる前に量産化が決定されてしまった。ヴィッツの派生車だったので、私の所で担当することになった。

コンパクトカー市場を分析してみると、ヴィッツシリーズではプレミアム感を求める女性ユーザーを獲得できていないことがわかった。また、ホンダから強力なヴィッツ対抗車が投入されるという情報も入ってきた。ターゲットは仕事にも遊びにも熱心なワーキングウーマン。「新しいプレミアム感の創造」を目指した。これまではコンパクトカーといえば、実用

デザイン決定後10ヵ月
短期間の開発達成
仕上がり綿密に予測
トヨタが新手法

10ヵ月開発を報じる業界紙
（日刊自動車新聞2002年７月４日）

性と経済性とが優先され他は我慢しなければならなかったが、コンセプトは「コンパクトらしからぬ存在感と上質感、プレミアム感」とした。

　アクティブ・ミニ・ワゴンというニックネームで開発はスタートした。ヴィッツをベースに単にスタイリッシュな上物を載せただけのお手軽企画ではなく、スタイルの他にも、キビキビした走りと操縦安定性の両立、トヨタ初のコンパティビリティ、つまり重量の異なるクルマ同士の衝突安全性という考え方に立つ安全ボデーの採用、静粛性やドア閉まり音にもこだわった。

　さて、開発スケジュールだが、それまでの最短記録のｂＢ開発日程の踏襲を考えたが、それだと発売開始が２００２年夏頃になってしまう。営業サイドはもっと早く販売シーズンの5月に発売できないかと要望してきた。私は今回のイストは初めから完成度の高いデザインが出てきたので、意匠変更の要素はほとんどないだろうと見切り、超特急開発に挑戦し市場に送り出してやろうと考えた。

　この時私の右腕になってくれたのは、２０２０年現在トヨタモーターノースアメリカで活躍している安井慎一君だった。bBはデザイン線図出図後13・5ヵ月でラインオフを迎えたが、イストではそれをさらに短縮し、10ヵ月未満でラインオフさせることを目標にし、安井君をリーダーに関係部署と必死に短縮する作戦を検討した。いろいろ知恵が出てきた。図面完成度の向上策、出図日程管理、生産技術や仕入先とより一体となった生産準備、危機管理活動などbBのやり方を一段と進化させた。

その結果、現図作成で0・5ヵ月、型製作で0・5ヵ月、造り込みで2ヵ月短縮できそうな目途が立った。もちろん基本は大部屋活動だ。プロジェクト関係者全員に「世界最短の開発日程に挑戦するぞ」と発破をかけ続けた。皆本当に頑張ってくれた。予定通り2002年5月ラインオフを迎えることができ、世界記録を達成できた。

カムリ——世界同時立ち上げ

2001年末にカムリCEの指名を受け、新年は新型カムリの構想を練ろうとしていた。そんなとき正月の日経新聞に次のような記事を見つけた。

「ホンダ『シビック』は世界十二ヵ国・地域での量産開始時期のずれは九ヵ月、トヨタ『カローラ』の半分以下」

具体的にはこういうことだ。ホンダシビック、トヨタカローラは世界中に生産工場が十数ヵ所ある。日本でモデルチェンジが行われてから順次各国で切り替えが行われ、すべての国でモデルチェンジをやりきるのに必要な期間が、ホンダのほうが圧倒的に短いという内容だった。

日本で行われたモデルチェンジのニュースはすぐに世界中に知れ渡り、新モデルを待ち買い控えが起こるというのだ。じつはカムリでも同じ課題を抱えていた。まず日米で同時に立ち上げて軌道に乗せ、その後1年以上の期間をかけて順次その他の海外工場の生産を立ち上げていた。開発陣を悩ませたのは、現地調達部品は、どうせ新設するのだからとそれぞれの地域の走りに合わせるという大義名分の下、微妙に形状や特性を変えてしまっていたことだ。シャシー部品に多かった。豪州仕様、中近東仕様、タイ仕様、台湾仕様、という具合だった。従って、走行耐久テストなどは一から行わなければならず開発工数が膨らむ原因となっていた。

８代目カムリと筆者（ロスアンジェルス郊外、2005年11月）

私の頭には即座に「世界同時立ち上げ」が閃いた。これが実現できれば、開発、生産効率を大幅に高められるだけでなく最新カムリを世界中のお客様にタイムリーにお届けできる。

「世界同時立ち上げ」を開発のやり方のチャレンジテーマにしようと考えた。

私の右腕だった布施健一郎主査と具体的な開発のやり方について連日作戦を練り続けた。基本方針は、「大部屋活動」によって「究極の図面」をつくり（詳細はその7を参照）、世界中の関係者を巻き込み「グローバル原価低減活動」「グローバル号試」を通じて、各工場でスムーズに立ち上げようという方向に収斂（しゅうれん）していった。

「大部屋活動」については、開発中枢となる本社（愛知県豊田市）の「グローバル大部屋」と米国、オーストラリア、タイ、台湾、中国の「現地大部屋」とが相互に連携を図りながらプロジェクトを推進する体制を考えた。

しかし、大切なのは、「新型カムリ」開発にかける「思い」を共有しタイムリーな情報シェアリングを徹底することだった。そのため、フェイス・トゥ・フェイスのコミュニケーションにこだわり最低でも3ヵ月に一度は世界各拠点の代表者を日本に招集し「マイルストーン会議」を開催し、課題の共有と開発の進捗管理を行うようにした。

また、布施主査と私は、日本の「グローバル大部屋」の考えやCEの思いを直接現地スタッフへ伝えるべく、何度も海外拠点へ赴いた。日常的な情報共有化策として採用した「議事録速達活動」（その6を参照）は、日本の「グローバル大部屋」での意思決定がスピード感を持って伝えられ、グローバルなチーム・カムリの連帯感を生んでくれた。

もうひとつ大きな取り組みとして生産技術部門に挑戦してもらったのが、「グローバル号試」。量産に移る前には「号試」と呼ばれる生産ラインを想定した量産試作が行われる。従来は、国内工場で「号試」が完了してから順次海外へ展開されていたため、時間が掛かるばかりか、その都度、地域最適のための手直しが数多く発生していた。

そこで、カムリではグローバル生産推進センター（GPC）を日本の元町工場エリアに立ち上げてもらった。GPCでは、設計初期の段階から、バラバラになりがちだった各工場の要望を「ワンボイス」に統一し「一部品一図面」へ落とし込むという気が遠くなる作業を愚直に行ってもらった。

さらに、このGPCに世界各工場の組立工程の責任者に集まってもらい、こんな試みも取り入れた。組立作業を日本の堤工場メンバーがまずやってみて、各国から集まったメンバーで検討し、模範作業にまとめる。その作業をビデオに撮ってそれをダビングし、皆が各国の工場へ持ち帰って作業員へ伝える工夫をした。

アバロン――米国でも試作車レス開発

アバロンのモデルチェンジは、２００５年1月に計画されていて、開発は米国のＴＴＣ（トヨタテクニカルセンター）が主体となり、一方兄弟車のカムリのモデルチェンジ（２０

０６年１月）は日本の技術部が主体となった。私は２００２年１月からカムリ担当ＣＥに任命されたが、アバロンも担当せよということだった。車両の企画は徐々に固まってきたが、厳しい開発費目標の達成の方策がなかなか見つからず頭を痛めていた。

そんな中、ふと、今回のモデルチェンジは、ホイールベースは延長するが、基本的にはプラットフォームは共通、それならば、米国初の試作車レス開発をやれないだろうかと思いついた。ＴＴＣでも新しい開発のやり方に大いに関心を示してくれた。また、日本でできてＴＴＣではできないと言われるのが悔しいという声も挙がった。

米国責任者のランディ・スティーブンスさんは、頻繁に日本へ出張し試作車レス開発について調べてくれた。その後関係部署を説得して回り、米国で初となる試作車レス開発に挑戦することになった。世界最短開発の記録を打ち立てたイストの性能確認車（量産金型、設備で初めて組み立てた車）を日本から米国へ持ち込み関係メンバーに見てもらった。それまでは初号車には建て付けに難があるのが常識だったが、量産モデル並みの出来栄えに全員が目を丸くした。これで、米国人たちにも試作車レス開発への挑戦に本気になってもらえた。

個室文化が根強い米国での大部屋活動を行うため、私は「大部屋のこころ」を書き、ランディに手伝ってもらい英語版「Spirit of Obeya Activity」に翻訳、米国人関係者に理解を求めた。

ただ、各機能のロケーションが米国内に散在していたので、日本の大部屋活動のやり方から変更しなければならなかった。

デザイン(CALTY)はカリフォルニア州ニューポートビーチ、設計・実験(TTC)はミシガン州アナーバー、生産技術・調達(TMMNA)はオハイオ州シンシナティ、製造・品質管理(TMMK)はケンタッキー州ジョージタウン、さらにプラットフォームつまりアンダーボデーとパワートレインは日本・豊田市の技術部門(TMC)を拠点にしていたので、TMCにアンダーボデーのTMC大部屋、TTCにアッパーボデーの北米大部屋、CALTYにデザイン小部屋(中間審査モデルの開発期間)、最後の仕上げを行う工場大部屋(量産トライ期間)を設けることとした。

デザインのクレイモデル開発段階では、設計、生産技術がCALTYに毎週のように集まって課題解決にあたった。CALTYで仕事を終えると、レッドアイ(夜行便)でロスアンジェルスからデトロイトまでその日のうちに帰り、朝そのままTTCに出勤するのは想像以上にきつかった。

北米大部屋では、開発サイドの米国人リーダーにランディ・スティーブンス(Executive Engineer)、生産技術・製造サイドの米国人リーダーにケン・クリーフル(Chief Production Engineer)を任命した。

まだ使い勝手が良くなかったTV会議を使い、初めて挑戦する大部屋活動の進め方について、日本のbBやイストのやり方を自分たちのケースに置き換え議論を繰り返し、それぞれの立場でのアクションプランに具体化した。この大部屋活動では、情報共有化、性能予測シナリオ作成、SE図作成、危機管理シナリオ作成、3ステップDRを手探りしながら愚直に実施、完成度100％の図面を目指した。その結果、実際に造られた性能確認車の出来栄えも素晴らしく、予定通り2005年1月に立ち上がった。

3代目アバロン（米国コネティカット州、2009年12月）

中心人物となった米国人リーダーのランディ・スティーブンスは、その後4代目、5代目アバロンのCEとしても活躍した。アバロン開発成功の陰に日本側の寺師茂樹CE、畑田裕司主査の強力なサポートがあったことはいうまでもない（私は途中からアバロンのCEは寺師君に任せカムリに専念することになった）。

その3「CEは誰よりも旺盛な知的好奇心を持て」

自動車に関係がなくてもいいからいろいろな分野に興

味を持つこと、興味が持てなくなった時はCEを辞める時。

新しい車の製品企画を進めていく時、常に新たな着想（新しいモノ、新技術、新しいやり方など）を求めCEは、のたうち回る。しかし、ほとんどの場合、この好奇心がベースとなって新たな着想にたどり着いたと思う。「なぜ」「どうして」、その繰り返しが大切だ。幼児のような旺盛な好奇心を持ち続けたい。

pod——ソニーとの協業によるITコンセプトカー

好奇心から新しいアイデアを思いつく。好奇心を刺激すればどんどんアイデアは膨らんでいく。ソニーとの協業では、お互いの好奇心を刺激しあい、大いにアイデアの創造を楽しんだ。そんな経緯をたどって誕生したコンセプトカーを紹介する。

bB開発が一段落した頃、齋藤専務からお呼びがかかった。

「ソニーと一緒にまだどこにもないITコンセプトカーを考えて欲しい」

後でわかったことだが、すでに電子技術部で検討が始まっていた。しかしそのメンバーでは個別の要素技術アイデアは出て来てもなかなか車としてまとまらず、bBのようなトヨタらしくない車をまとめたCEをリーダーにしようということになり私が指名されたのだった。

ソニー側責任者はカーオーディオ部門の品田哲さん。まだどこにもないコンセプトというのはとても重たいテーマだった。当時ITカーといえば、一つは行き先を告げれば目的地まで連れて行ってくれる自動運転車。もう一つは車に乗っていても仕事ができる走る情報端末、オフィスカーだった。しかし、この二つの方向はすでに語り尽くされていた。従ってそれらを一生懸命に完成度を高めたとしても所詮二番煎じでしかない。私はまったく違う方向を目指そうと考えた。

最初の議論は1泊2日の合宿。ソニー、トヨタの議論がまったく嚙み合わない。当たり前だ。企業風土も大きく異なるうえに、試作品をつくるプロセスや規模感も異なる。極端な話、ソニーさんの商品はハンダごてを片手にひと月頑張ればできてしまう、そんな感覚だった。

車はそんなわけにはいかない。試作車たった1台でも張りぼてではなく走るように仕立てるには、企画、デザイン、設計をし、そして部品を仕入先につくってもらい組み立てる。必要な人数、時間もソニーの物差しとはまったく違った。

さらにそもそものモノづくりに対する基本姿勢も異なっていた。トヨタはどうすれば世のため人のための商品になるかを追求するが、ソニーさんはまったく逆、世の中の役に立たずとも潤滑油になれば良い、面白ければやろうという考え方だった。否、世の中の役に立たないものをつくろうという考え方だった。目から鱗だった。

さて肝心のITカーのコンセプト議論は、4つか5つのチームに分かれアイデアコンペを行った。最初の段階ではアウトプットをクルマには限らなかったので、テーマパークもあれば自転車のような乗り物もあった。ソニーからは「サイバー車」というのも出てきた。一人乗りで走りながらドライバーに必要な情報が全部入ってくるような車だった。

議論していくうちに、ソニー側リーダーの品田さんが「執事カー」つまり人の感情をキャッチするクルマはどうだと言い出した。「今の車は、人が何かを押したり引いたりしないと動かない。でも、執事なら、必要な時何も言わずにやってくれて、しかも出すぎない」と。なかなか面白い。

私からは、あたかも人間が子どもから大人になるように、車自身も情報、知識を蓄積し成長するのはどうか、とか提案した。さらに車の成長との相互作用でドライバーも成長できるようにする。多発する交通事故は結局ドライバーのミスに起因することが多い。無謀な運転を窘(たしな)めたり警告するのではなく、ドライバーのテクニックや精神面の成長を促していけば事故を減らせるのではないかと考えた。

具体的には、運転席前に画面があって、上手な運転やブレーキ操作をすると拍手してくれる。また、ドライバーが「あせってますね」という状況になると、画面上にあせり度を表す汗のマークがポンポン飛び出し、癒し系音楽が流れ冷風が吹き出してくる。こういうアイデアはソニーさんから出てきた。トヨタだとウォーニングランプやブザーになってしまう。

品田さんは出井伸之会長から「人の感情をフィードバックするのは面白い」とポジティブコメントをもらい意を強くしていた。少しずつ議論が深まり、徐々にではあるが車のイメージができてきた。車の成長とは、ドライバーの運転の癖や嗜好を学習し、サスペンションの硬さや変速タイミングが変わり、ナビには好みのルートが案内されるなど具体的になってきた。車も擬人化し、喜怒哀楽をボンネットの色やヘッドランプを目に見立て表現することにした。

例えば、オーナーが車に接近すると喜びの表情（橙色、点灯しウインク）を、燃料が減りお腹が減ると哀しい表情（青色、涙目）を、無理に割り込んでくる車には怒りの表情（赤色、つり目）を、という具合だ。この感情表現は、米国出張中、電子技術部からＭＩＴへ留学中の井形弘君を訪ねた際、大学の博物館で見かけたヒト型ロボットの感情表現を参考にした。

しばらくして齋藤専務から、良いコンセプトができたら東京モーターショーに出したらどうかと言われ、俄然ファイトが湧いてきた。品田さんと２００１年モーターショーに照準を合わせることで早速合意、検討を加速した。コンセプトカーといえども実走する車を造ろうとすると、1年前には駆動方式や諸元を決めなくてはならない。

ソニーのみなさんは1ヵ月くらい徹夜覚悟で頑張ればできるのではと思っていたようだが、そう甘くはない。２０００年7月車の諸元やセリングポイントを確定させる合宿をお台場の日航ホテルで行った。決まるまで缶詰めだと宣告し、2泊3日食事の時間も惜しんで夜遅くまで議論しまとめあげた。

それからはスタイリング、それが固まると詳細設計が始まった。その年の大晦日だったと思うが齋藤専務から自宅に電話が掛かってきた。「大丈夫か、まだ飛びが足らんぞ」

専務から見れば、今までにないどこにもないコンセプトをつくれといったはずなのにと心配だったようだ。専務からも運転上達度というドライバーの成長に関するヒントをもらい、もっと強く訴求することにした。

それからも製作をお願いしたトヨタテクノクラフトさんと一緒に苦労が続いたが、何とか秋には走れる車が完成した。ステアリングホイールはなく、新しい運転操作方式を採用した。この操作端末を動かし車が動いた時は本当にうれしかった。こうして、「クルマを道具としてではなくパートナーとして捉え、付き合いが深まるにつれ、クルマと人が共に成長する」という従来の常識にはないまったく新しいコンセプトカーが誕生した。

モーターショーでは舞台の上で静的展示しかできない。コンセプトの目玉であるドライバーや車の成長をどうやってアピールするかの壁にぶつかった。結局、数分の映像を見せながら、舞台の上で大きく観音に開く前後扉を開閉したり、４つのシートをさまざまにフォーメーションさせ、お客様にアピールすることにした。映像制作にもメンバーのアイデアをふんだんに盛り込んだ。

いよいよショー本番。予想をはるかに超える注目度で、プレスデーのデモンストレーションには黒山のひとだかり、取材は長蛇の列だった。昼食はおろかトイレにもなかなか行かせてもらえなかった。テレビニュースや雑誌にも大きく取り上げられた。一般デーでは押すな押すなの大盛況、ｐｏｄの周辺は簡単には身動きできなかった。某カー雑誌が行った「ＭＶＰはどれだ？」のコンテストでも、「クルマの歴史にはなかった感情を表すクルマ」という理由で、並みいるエコカーやスポーツカーを押しのけＭＶＰに輝いた。

pod
プレスリリース掲載写真より

今までにないどこにもないコンセプト、さらに途中から追加した「モーターショーでナンバーワン人気獲得」の目標はこうして達成できた。この東京モーターショーでの好評を受けて、その後欧州ジュネーブショーや米国シカゴシヨーにも出展することになった。

世界中で人と街のウオッチング

「好奇心のかたまり」を自任する私は、新しいものや移り変わるものへの興味が尽きない。自動車ビジネスの原点となるクルマ、道路や案内標識、お客様（人間）、ドライブ目的（場所）、販売店への関心は人一倍強い。時代やライフサイクルの変化を「人と街のウオッチング」から感じ取るのが何より楽しい。市場調査やモーターショー視察と聞けば、「私が行きます」と真っ先に手を挙げ、すでにびっしり埋まっていた仕事の予定をやり繰りした。

新しい商品や新しいデザインのヒントを探そうとするのではなく、なにげなく街中で人とクルマとの関わりを眺めているうちに「こんなデザインでこんな機能を持っている乗り物があればおもしろそうだな」とアイデアが浮かんでくるのが最高の瞬間だ。

世界中いろいろな国（これまで50ヵ国以上）や都市を訪問したが、スーパーマーケット駐車場、百貨店駐車場、幼稚園送迎、病院送迎、大学駐車場はマストアイテムとしてウオッチングに勤しんだ。このマストアイテムの場所では多くのアイデアが生まれたように思う。

老人ホームのラウム、イケア（ベルギー・ブラッセル）駐車場のファンカーゴ、横浜大黒埠頭のbB、高速道路サービスエリアのプロボックス・サクシード、米国の大学駐車場のサイオンブランド、米国のお客様ご自宅訪問のカムリ……数え上げればキリがない。

米国駐在経験のない自分がカムリのCEになった時、米国ベストセラーカーのカムリを企画・開発するために、米国の自動車事情についてはどんなことでも知りたいと思った。出張の機会を捉えてはレンタカーで広大な米国内をあちこち走り回った。また、家族旅行でもロングドライブを計画したりした。気がつけば。足掛け25年かかったが、50州のうち49州（まだハワイ州には行っていない）を駆け抜けていた。

その４「CEは自分の思いや考えをわかりやすく表出する能力を身につけよ」

車の企画開発は非常に多くの人との共同作業。自分の思い、やり方をわかりやすく伝える努力を怠るな。一度の説明では伝わらないと思え。英語も大切だがまず日本語を磨け。プレゼン技術（動画、現物、原理モデルなど）にもこだわること。

一発で承認をもらうには

一番「自分の思いを伝える」能力が必要かつ重要だと思ったのは、役員（上司）へ製品企画提案する時や仕事の進め方の承認をもらいに行く時だった。いかに役員にストンと腹に落としてもらえるかが勝負。一発で承認をもらうのがＣＥの腕の見せ所と言われた。

昔はＡ３一枚で提案していたと思うが、私が主査になった頃からパワーポイントが使われ始め、パワーポイントを使っての製品企画提案のスタイルとなっていた。最終的にはパワポの資料になるにしても、資料作成はまず、Ａ３一枚の手書きから始め、後でそれを分割して複数枚（極力ページ数を抑えて）のパワポのページへ落とした。わかりやすい、役員のこころを揺さぶるストーリー、言葉を必死に考えた。20代の時にＡ３一枚を苦労してまとめた経験が役に立った。

以下、私なりに心掛けた点だ。

1　資料をつくろうとする時には、聞いてくれる人にどのようなインパクトを与えるのか、その後その人がどう動くのかまで想定して資料をつくり始める。役員などの偉い人は15分刻みのスケジュールで動いていて、こちらが大変な準備をして説明をしたとしても、話が終われば「ありがとう」で、次の社員が入ってきてまた別の話となる。それが毎日続いている。どうしたらトップの頭の中に説明内容が生き残ってくれるかが勝負だ。

2　真っ白いＡ３用紙に向き合い、思考を一枚に練り上げる。鉛筆と消しゴムを持ち、文字を書いたり、絵を描いたり、消したりする。考えるとは頭の中にあることを言葉にして表現すること、必ず手書きにした。Ａ３一枚では少し足りないと思っても、サイズを大きくするのではなく、これまで得た情報（単語やミニフレーズ、グラフなど）をいたずらに広げないで、余肉をはぎ取り思考を研ぎ澄ませる。また、Ａ３一枚へのこだわりは、聞く側の吸収できる限界への配慮にもつながる。一枚の中にある複数の情報を同時に見ることによって、別の新たな発想が生まれる。何枚ものパワポのスライドを見ていたのでは絶対に生まれてこない。

３　なかなか進まなくても、堂々巡りであっても、自分の頭だけで考えていく。苦しくても耐える。

これらが、思考を深めていく、相手のこころに届くストーリーを生み出す秘訣だと思った。

また、ＣＥからの発信物は、非常に多くのプロジェクト関係者を対象とすることが多かった。そのために、「結論が明確か」「ストーリーが明確か」「根拠が明確か」「したいことが明確か」、常に自問自答を繰り返した。万一にも誤解が生まれず、正確かつスピーディーな情報の伝達を心掛けた。

２０００年代になり、パワポの装飾や見栄えに時間をかける習慣が蔓延（まんえん）し、資料作成準備に時間がかかり過ぎると言われるようになった。役員から「ありものの資料を使っても構わない、資料作成に時間をかけるな」とお達しが出た。しかし、私は、わかりにくい資料のせいでせっかくの承認機会を失ってしまうことを懸念し、資料作成には念を入れるよう、部下を厳しく指導した。ありものの資料を使えとの流れの中で、エクセルのデータだけを何枚も見せる報告のスタイルには閉口した。私のところへ来る説明者には、せめてデータ群にはタイトルをつけ、何を言いたいのかのまとめを書いてくれと厳しく注文をつけた。

仕事人のための資料づくり、説明の仕方

私の製品企画チームメンバーには、以下の点を全員に心掛けてもらった。

1　聴き手を把握

事前に聴き手のプロフィールを完璧に把握しておくこと。会議で説明するのか、役員や部次長クラスに個別に説明するのか、聴き手はどんな人（技術系、営業系、仕入先、販売店、学生、一般）か、聴き手が持っている予備知識は、人数、性別、年齢は。しっかり調べておく。

2　プレゼン資料のスタイル

パワポか、A３一枚か、資料なしでいくのかあらかじめ決めてから、話す内容をA３またはA４一枚に鉛筆で書いていく。ストーリー、「序論、本論、結論」や「起承転結」に配慮しながら、

鉛筆と消しゴムで仕上げていく。

3 資料の作成

文字の大きさ、建蔽率、色数（４色まで）、色使い、グラフ（棒・折れ線・円グラフの使い分け）、動画や写真（聴き手が見てなるほどと思うコンテンツに厳選）、強調すべきはアンダーラインや太字、矢印の利用、数字はストーリーに適したように丸めるなどに留意して作成する。販売店、ジャーナリストなどへ新技術を説明する時など、聴き手の予備知識に配慮し専門用語などは気をつけて使うようにした。

4 本番、発表の留意点

パワポの場合はまずパワポに書いてある言葉をしゃべる。書いてない背景や補足などの説明は、「資料にありませんが」と断り、どこをしゃべっているか聴き手を迷わせないように留意する。堂々と低い声で、はっきり滑舌よく、相手の目を見つめながら話す。

5 質疑応答の準備

予期せぬ質問に立ち往生したり、挑発質問に踊らされたりしないように気をつけた。特に、偉い様（経営トップ、役員、関係部長）に承認をもらう時は、念入りな準備が必要。質問に答えられず結局承認をもらえず討ち死にすることのないよう心掛けた。

6　一にも二にも、リハーサル、予行演習が肝心

講演などでは、最初の3分間（文字数で800字）は、原稿なしでしゃべれるようにする。また、与えられた時間内で説明しきれるかあらかじめ確認しておく。

7　資料配付のタイミング

パワポでの説明の場合、手許資料を事前に配付すべきかどうか悩むところだが、私は基本的には説明の後に配付した。先に配付してしまうと、どうしても手許資料に見入ってしまい、説明者のほうを向いてくれないからだ。

8代目カムリ——開発キーワードはRejuvenation

「世界同時立ち上げ」を本当に実現させるためには、過密な日程の下、言葉の壁を乗り越え、これまでにない新たな取り組みに果敢に挑戦していくしかなかった。そのため世界中のカムリ開発メンバー全員の心を一つにする必要があった。「世界同時立ち上げ」という錦の御旗に記すキャッチコピーが欲しかった。

車両企画のための市場調査を進める中で、「カムリは本当に素晴らしいクルマだと思うけ

ど、エキサイティングじゃないわね」という衝撃の声も聞こえてきた。歴代「カムリ」が築いてきた信頼性や安心感が、一方でネガティブなイメージも生み出していた。この一言が開発メンバーの心に火を点けた。２００２年秋、新型「カムリ」の具体的な車両構想の議論が始まり、「ミディアムセダンの新たな世界基準を築こう」の合言葉の下、開発キーワードを探し求めた。景気の低迷や異常気象など暗い話題が多い現代社会に生きる中、すべての人々に新型「カムリ」を通じ「若々しく元気に溢れたカーライフを提供したい」との想いから、「Rejuvenation」（若返り、元気回復）に決定した。２００２年前半の海外イベントで世界中を飛び回っている際に出会って書き留めておいた単語だった。幸い良いキーワードだと関係者の評判も良かった。

プロサク――多くの制約条件をものともせず挑戦する鉄腕アトム

プロサクとは、２００２年7月発売の、カローラバン、カルディナバンの統合モデルチェンジのプロボックス・サクシードのことだ。

プロサクは何かと制約が多いプロジェクトだった。特に、現行のカローラバンが熾烈な価格競争の末に価格を安くしてしまっていたので、原価目標はとてつもなく厳しい数字となっていた。「そのような実現困難と思われる開発にチャレンジしますよ」と開発提案の場で、製品企画チームの心意気を役員や関係者にアピールしたいと考えた。

エンジン、ミッション、足回りを含むフロントアンダーボデーはヴィッツと共用だが、リア足回りは性能向上のために従来のリーフスプリングをやめ、4リンクサスを新設することにした。つまりプラットフォームは新設ということだ。プラットフォームを開発するとなると時間がかかる。しかし、手を抜くわけにはいかない。どのように開発を進めるかチーム内で議論をし、プラットフォーム開発には十分時間をかけ、その時間を捻出するためにもアッパーボデーは超短期日程（イストとほぼ同じ短期日程）で開発を行う計画とした。その甲斐があって、販売サイドからはラインオフは2002年8月頃を要望されていたが、2002年4月に早出しの可能性がみえてきた。

開発はダイハツ工業へ委託され、短期日程開発や大部屋活動にチャレンジしてもらった。技術開発アイテム、原価、日程、開発費などのチャレンジングな目標が設定された。開発承認をもらう場では、「商用車で初のカー・オブ・ザ・イヤーを獲るぞ」と宣言し、鉄腕アトムが足にぶら下げた重りをものともせずに、飛び立とうとする漫画を映し出した。このプロジェクトの大変さ、それに立ち向かう我々の意気込みを立場の異なる多くの人に一発で伝えたかった。

その5「CEはいざという時に助けてくれる幅広い人脈をつくっておけ」

社内だけでなく社外にも広く人脈を。困った時には異業種の人からの一言が思わぬヒントに。情報はどこかに在るのではなく、人と人との接点で生まれるものだ。

デザイナー・光野有次氏――UD（ユニバーサルデザイン）

15年間のボデー設計部の後、技術部門を統括する部署に5年間（技術企画部2年、技術管理部3年）いた。その時は非常に幅広い分野の仕事をさせてもらった。例えば、若手を30人集め、技術部門の将来像を語り合い、経営トップへ提案しようとするドリーム21（D21）というプロジェクトがあり、私がリーダーを務めた。異業種や異文化との交流から始めようとさまざまなところへ出かけ、キーマンからお話を伺った。

その折に接点を持った一人が光野有次さんだ。D21のメンバーの柴田園子デザイナーが、「これからは高齢者が増えその対応が標準装備になるべき、これこそがトヨタの進むべき方向だ」と強烈にアピールした。彼女のネットワークの幅広さには舌をまいた。その伝手を頼りに、長崎県諫早市にある「無限工房」（障がい者が健常者と同じように生活できるよう、一人ひとりの障がいを解決するモノづくり工房)、「長崎でてこいランド」(障がい者が気軽に安全に過ごすことができる施設、ディズニー〈出ずに〉ランドに対抗するネーミング)を訪ねた。そこで光野さんに出会い、UDの考え方を教わり、UDの世界に誘っていただいた。

ラウムの開発では光野さんとの出会いが深く影響している。また、トヨタがUDコンセプトを取り入れられたのは、光野さんとの出会いがあったからと言っても過言ではない。

名古屋大学教授・熊澤孝朗氏——乗り物酔い

ラウム開発も終盤に差し掛かった頃、上司の都築CEから次のような問題提起があった。

「ラウムは乗員の着座位置を高くしたので、頭の位置も高くなっている。背の低い車より車のロールの影響を受けやすくなってはいないか、つまり、乗り物酔いしやすい車になっていないか」

私は、名古屋大学環境医学研究所で鯉を使って宇宙酔いの研究をしているという新聞記事を少し前に読んだのを思い出した。宇宙酔いも乗り物酔いも同じメカニズムのはずだから、何か対応のヒントが見つかるかもしれない。

都築さんに話すとすぐに相談してみようということになり、「北川君、誰か知り合いはいないか」と言われた。名古屋大学医学部の友達もいたが環境医学研究所には関わりはなさそうだった。ふと思い出したのは、私が４年間心血を注いだ体育会テニス部ＯＢの熊澤孝朗先輩が環境医学研究所で教授をされていることだった。早速電話すると、こちらの事情をご理解いただき、宇宙酔いの研究をしている宇宙医学実験センターの森滋夫教授の紹介と研究所の施設見学を手配していただいた。

都築ＣＥと大学を訪問し、乗り物酔いのメカニズム解説に始まり、乗り物酔いの再現実験の体験、ＮＡＳＡの乗り物酔いの評価基準までご指導をいただいた。それらを参考にラウムが乗り物酔いしやすいか否かを評価し、ラインオフまで時間がなかったが足回りをチューニングし、それがメディアでも取り上げられるなど、「ラウムは乗り物酔いしにくい車だ」とアピールすることができた。

東京大学教授・鎌田実氏——高齢者向けの超小型モビリティ

鎌田実先生をはじめて知ったのは、１９９８年8月の日本経済新聞の「高齢者向けの一人乗り小型自動車〈Kappo（活歩）〉を開発」の記事だった。実際にお話をさせていただくようになったのは、２００６年にダイハツに移ってからと記憶しているが、２０１１年東京モーターショーで発表したＰＩＣＯを高く評価してくださり、公道を走れるようにと国の規格

bBピンバッジ

化を応援していただいた。

また、２０１６年、国交省への高速道路ナンバリングについてのパブリックコメントの際も、貴重なアドバイスをいただいた。先生はこれからの日本のモビリティ問題を解決へ導く第一人者だ。現在も高齢ドライバー問題、自動運転などの方向づけに東奔西走されている。

その6「CEは自分のグループの人事・庶務係長と心得よ」

自分の城は自分で守るべし。ヒト、カネは自ら調達する気概を持て。

ｂＢ――大部屋のピンバッジ代

デザイナーがつくったデザイン審査用プレゼン映像のエンディングにｂＢのロゴが登場した。このロゴはカッコいいと開発スタッフには好評だった。早速大部屋の入り口にこの書体の拡大コピーを看板代わりに掲げた。さらに大部屋メンバーの士気を高め一体感を醸成するために、ピンバッジをつくり着用することにした。経理部門に関係者全員に配る２００個分の予算を認めてもらうのは、「前例がないから」と大変な交渉だった。デザイナーを始め、設計、実験、生産技術、工場検査……。大部屋メンバー全員が誇らしげにバッジを胸につけ仕事に励んでくれた。

カムリ——製品企画チームへのメンバー勧誘

ＣＥには本来人事権はないのだが、優秀な人材を自分の製品企画チームに勧誘することもある。彼とは１９９０年代前半、技術管理部で組織改革の仕事を通じ知り合った。新入社員なのになかなかやるなという印象だった。その後、彼は開発実務を経験したいとシャシー設計部へ異動した。

それから何年か経ち、憧れだった製品企画の仕事をしたいと希望していることを耳にした。私は何とか彼の夢を叶えようといろいろ画策、係長になっていた彼を２００３年７月に、私のチームに引っ張ることができた。世界同時立ち上げを目指すカムリ製品企画チームの一員として大活躍してくれたことは言うまでもない。

カムリ——英訳秘書の採用

製品企画の各チームの頭数は、プロジェクトの規模や難易度に応じ決められていた。カムリチームにも決まりに従い割り当てられていたが、世界同時立ち上げというこれまでにない重たいテーマを推進していくには人手は足りなかった。

海外拠点とのやり取り、情報共有の仕事は膨大で、早く、正しく伝えることに特に神経を使った。それまでは、日本語議事録→英訳→発送、の手順を踏んでいたが、どうしても相手に届くまでに1週間、下手をすると10日近くかかってしまっていた。

私は「ホワイトボードを2台おいて、1台には日本語でもう1台にはそれを英訳してもらい、会議終了時には日本語、英語の議事録を世界の各拠点へファックスしたい」と考えた。費用がかかると渋る管理部署を必死に説得し主査付きとして通訳を一人増員してもらった。

この「議事録速達活動」は、日本での議論の状況がタイムリーにわかると好評だった。世界同時立ち上げのカムリプロジェクトにとってはとても重要なことだった。

カムリ——世界同時に向けたコミュニケーション費用

カムリでは、世界同時立ち上げのため、足回りの仕様を従来何種類もあったものを3種類に絞り込んだ。東富士テストコースでその試乗確認会を行った。米国、オーストラリア、タイ、台湾の各々から、走りや乗り心地の評価責任者に集まってもらった。せっかくめったに直接顔を合わせる機会がないメンバーたちが集まったのだから、コミュニケーションの場、懇親パーティーをやろうということになった。
ところがそこで問題発生。その費用を参加者の割り勘にするのか、主催のトヨタ本社側で負担するのかという話になった。経費削減にうるさい開発センターの予算管理部署にお願いしてみたもののダメという返事。しかし、我々が世界各国へ出張した時は、毎回ご馳走になっていた。私は、お互い様、今回は何としても日本で負担するべきと頼み込み、やっとのことでわずかの費用だったが認めてもらった。

その7「CEは愚直に地道に徹底的に図面をチェックすべし」

製造業の原点は図面。時間の許す限り図面を診、設計者にフィードバックのこと。大部屋活動の目的は完成度100％図面を日程通り出図することにあり。

カムリ――「究極の図面」「一部品一図面」

第1章のｂＢ開発では「完成度100％図面の日程通りの出図」のことを紹介したが、カムリではグローバルな規模で「究極の図面」「一部品一図面」に挑戦した。
試作車レス開発を実現する鍵はなんといっても「究極の図面づくり」だった。つまり後でというわけだ。

設計変更を生じさせない「究極の図面」を最初からつくれば効率がよい、試作車も必要ない

日本生産のプロジェクトbBでは試作車レス開発がすでに実績となっていた（第1章を参照）が、今回のような大規模グローバルプロジェクトでは初の挑戦だった。推進舞台となったのが、ＤＲ（デザインレビュー）会議とよばれた図面検討会だ。

「図面をつくるのは設計者の仕事」という既成概念を捨て、評価部署、生産技術、工場、仕入先も図面づくりに関わり、各々の立場から知恵を出し合った。その甲斐あって究極の図面を出図することができた。設計変更がなければ型製作も順調に進む。その結果、質の高い本型部品が欠品なく揃い、きわめて完成度の高いＣＶ（性能確認車）を短期間で仕上げることができた。

もう一つ図面づくりで挑戦したのが「一部品一図面」だ。これまで同じ部品にもかかわらず生産拠点ごとに異なる図面が何枚も存在するケースがあったからだ。各国ニーズや工場、仕入先の都合に対応してのものだったが、グローバル品質や生産準備の効率アップに対しては阻害要因になっていた。「一部品一図面」になれば同一品質の確保、ひいては世界同時展開が容易になる。

世界中の仕入先や各拠点の生産担当者にもＤＲ会議に参加してもらい、顕在化した問題点

は設計段階で解決され図面に織り込まれた。生産に関わるすべての声を「ワンボイス化」する作業がグローバル規模で進められ、世界同時立ち上げと世界同一品質の実現に繋がった。

その8「CEは愚直に地道に徹底的に原価の畑を耕し原価目標を達成すべし」

とにかく全費目を見える化しそのうえで部品ごとに材料費、加工費、型費に分解せよ。聖域無し、緻密、愚直、集計ミス撲滅が原価低減成功の鍵。

製品企画の仕事の大半は、原価目標の達成に向けた仕事だった。こんなクルマを造りたいという理想の前に立ちはだかる大きな必要低減額。開発の初期段階から量産開始直前まで、場合によっては、量産が始まってからも原価低減と格闘した。デザイン段階、設計段階、評価段階、生産準備段階、CEの頭の中はいつも原価目標に収まるかどうかが気がかりだった(第4章の①原価企画も参照)。

プロサク——約30万円の原価低減目標の必達

プロボックス・サクシードのプロジェクトでは、30万円の必要低減額をどう達成するのかは非常に大きなテーマだった。当時カローラの原価を一から見直そうというＥＱ（Excellent Quality）活動が行われ成果を上げていた。

我々もそのＥＱ活動を「横展」（トヨタ用語の一つ、ノウハウなどを自部署だけのものにせず社内全体で共有すること）することに。開発を委託していたダイハツにもＥＱの心、具体的な原価集計、低減のやり方を勉強してもらった。

これまでのプロジェクトの原価低減では、部品の設計原価、製造時の加工費、設備償却費、開発費が主にフォローされる項目だったが、今回は、仕様や性能アップ分を販売価格へ上乗せすることや、ディーラーマージン、宣伝広告費、物流費の低減にまで言及した。宣伝広告費では商用車は宣伝の頻度は少ないからと配賦ルールを見直してもらったりもした。

徹底した見える化を行い、これまでは聖域として手付かずの項目もメスを入れさせてもらうことにした。案の定いろいろな部署から反発を食らい軋轢（あつれき）も生じたが、ＣＥの私が率先し「これがＥＱの心です」と強引に推し進めた。最終的には30万円の利益改善は達成できたと記憶する。

数年後のカムリの開発でも、このプロサクの活動をベースにした「グローバル原価低減活動」を展開し、厳しい原価目標を達成した。

その９「CEは自分の商品をどう売るか営業任せにするな、自分なりに宣伝、売り方を考えよ」

一番商品を知っているのはCE、広告代理店任せにするな。

自分が開発責任者を務めた車はかわいい、我が子と同じだ。１台でも多く売れて欲しいと心底から願う。ＣＥは誰でもそう思っている。私もそんな一人だった。こんな宣伝をしたらどうだろう、あんな売り方をしてみればどうだろうといろいろなアイデアが浮かんだ。担当の営業本部へお願いし実現、効果を挙げたものもある。それをいくつか紹介したい。

ラウム――技術うんちく・開発秘話集

新車名プロジェクトのラウムの発売直前、販売スタッフやジャーナリストに少しでもラウムのことを知ってもらおうと腐心し誕生したのが、「技術うんちく・開発秘話集」だった。
販売マニュアルやカタログ、商品説明書では限られた紙面のために、商品の良さが十分に伝えきれないのではと懸念し、少しでもこれを補いたいとの思いから、開発に携わったメンバーに「開発へのこだわりや思い入れ」を書いてもらい冊子にした。販売店では、お客様との商談の際にエピソードとして披露してもらうとか、朝礼の話題として紹介してもらうことにした。

これが殊の外好評で、私の担当したラウム以降の新車名プロジェクト「ファンカーゴ」「bB」「bBオープンデッキ」「イスト」「プロボックス・サクシード」さらにはビッグプロジェクト「カムリ」でもこの冊子を制作した。

冊子に書かれたラウム開発秘話には例えば、こんな話があった。題して「ブレーキアシスト　ドライバーズクリニック段ボール物語」。東富士研究所第2車両技術部先行開発室（当時）の吉田浩朗君が書いてくれた。

いつもはもの静かなトヨタ東富士研究所の構内でのある日のことでした。「キャー！」、「危ない！　ぶつかるー」……。「キキキーッ」この叫び声と衝撃音！　いったい何が起こったのでしょうか!?　車が何かにぶつかった？　そうです。車が段ボールにぶつかったのです。でもじつはこれは、本当の事故の瞬間を体験していただくために、わざと行ったドライバーズクリニックの1コマだったのです。

普通の人（庶務の女性、部長の秘書、社員食堂のおばちゃんから植木屋の職人まで、18歳から

70歳の男女）計２０８名を「トヨタの最新の安全技術を最新のトヨタ車で体験していただけるドライバーズクリニックを開催します」とのふれこみで募集。「テストコース走行前に、構内路を少し走って慣れてください」と言って走っているうちに、まったく予告無し！　に、大きな段ボールが出てくる仕掛けとなっているのでした。

この時のブレーキ操作を調査解析し、多くの人は緊急時にブレーキペダルを踏む強さが不十分であることが明らかとなり、ブレーキアシストの誕生となったのです。

技術うんちく・開発秘話集

さて、この単純にみえる段ボールも、簡単にできた物ではありませんでした。事前テストでは小さな段ボールを飛び出させてみると、「これなら轢いてしまっても大丈夫」、「緊張感に欠ける」との声があがりました。そこで、飛び出した瞬間に「止まらなければ！」と思うほどの迫力のある大きさとしました。また、ぶつかったときには、うまくバラバラになって衝撃を分散させたり、横風が吹いても倒れないようにしたりと５回も試作を重ね、壊した段ボールの数は数十個！にもなりました。また、ドライバーズクリニック参加者に、飛び出すことを事前に知られてしまっては意味がないため、気づかれないための工夫も随所に行っています。例えば、一見何の変哲もない普通の道路で、工事中の道路で人がいない雰囲気の中、段ボールは簡易トイレの陰から飛び出させました。じつは、これらはすべて演出でした。

この演出のおかげで、ほとんどの方は段ボールの飛び出しを予想せず、普通の運転に近い、リラックスしている状態で段ボールの飛び出しにあっています。「本物の事故の瞬間の人間操作」を知るためには、このリラックスが大変大事でした。テストコースで、何かが飛び出しそうな雰囲気で行われる、いわゆる「試験」では、普通の運転とかけ離れてしまい、「事故の瞬間の人間操作」が再現できないのです。

さて、当日、みなさんのブレーキはどうだったのでしょうか？　ある男性は「何だ〜？」と驚くだけでほとんどノーブレーキ！　ある女性は「キャー」という悲鳴とともに、なんと添乗員の手を握ってしまいました。みなさん意外と「ブレーキを強く踏む」という一見簡単そうなことが、イザという時にはできないとわかりました。この結果はしっかり「ラウム」のブレーキアシストに織り込まれています。（筆者の加筆訂正あり）

冊子をつくった話からは脱線するが、このブレーキアシストについては、量産車を受け持つ他のCEのところでも採用して欲しいと提案があった。トヨタの当時の常識では、このような先進安全装備はまず高級車クラウンに装着し、順次コロナ、カローラへ展開していくのが常識だった。他のCEたちが二の足を踏んでいる中、都築さんと私は、「ブレーキアシストという装備は、素人ドライバーや高齢ドライバーの多い大衆車こそ必要とされるのではないか」と考え、急遽ラウムの車両企画に追加した（原価企画の観点では苦労したが）。その結果、トヨタで初の搭載車となったのである。

ターセル――ブレーキアシスト販売促進のためのマスコット作成

１９９７年12月、ターセルのマイナーチェンジが予定されていた。通常マイナーチェンジでは意匠変更が主体で、性能や装備面では大きな変更はないのが普通だった。

しかし、この時は従来にないブレーキアシストという新機能のネタがあった。半年前に発表された新型車ラウムに搭載された新機能だった。当時ＡＢＳ（アンチロック・ブレーキ・システム）の普及が進みつつあったものの、ＡＢＳの効用をお客様が実感できていないと指摘されていた。トヨタではお客様の咄嗟（とっさ）のブレーキ動作の様子を調べＡＢＳの効用が発揮できていない原因を突き止め、その対策案としてブレーキアシストという新機能を開発したのだった。

つまり、ＡＢＳが作動するには一定以上のペダルの踏みこみ力が必要だったのだが、前述のようなラウムの実験で、現実にはしっかりとブレーキペダルを踏めていないという事実が判明したのだった。しかし、しっかり踏めていなくても緊急ブレーキの踏み方だと判断すれば（踏み始めのスピードが速ければ）、ＡＢＳを作動させようとしたのがブレーキアシストだった。

ただこの新機能の中身をディーラーのセールススタッフやお客様にわかってもらうのは簡単ではなかった。ラウムの際もさんざん苦労したものの今一つで、このターセルでは認知度を一気に上げたいと考えた。そこで思いついたのが、新しいマスコットキャラクターの力を借りることだった。私のアイデアは、「ウサギさん（ピタット君）に登場してもらいペダルを踏むのを助けてもらいピタッと止まれる」というもの。

我が製品企画チーム全員がグッドアイデアと高評価。しかし、予算を受け持つ営業部門はひややかな反応。「当時いろいろなマスコットキャラクターが流行っていてこれ以上増やしたくない」というのがその理由。販売店へのマイナーチェンジ車両のお披露目の場では、巨大ブレーキペダルとマスコットキャラクターを準備してアピールしたものの、採用はしてもらえなかった。しかし、新機能を販売店やお客様に理解してもらう大切さ、難しさを学べた良い機会だった。

ファンカーゴ——第3のカタログづくり

それまでのカタログは、主に車自身のハードを説明するものだった。お客様に商品の使い道を伝えるには限界があった。そこでファンカーゴの開発ではリア空間の使い道の夢を膨らませるのに異業種交流を活用した。住宅、オートキャンプ、マリン、オーディオ、福祉などの専門家に集まってもらい、約3ヵ月間で8つの使い方のコンセプトをまとめた。これをベースに「第3のカタログ」といわれる「ファンカーゴを自遊自在に楽しむ本――FunCargo携帯空間活用マニュアル」を編集した。車両評価の総括部署は喜んで実際の使用シーンの再現に協力してくれた。ユニークなアイデアもたくさん出てきた。

定番の「キャンピング仕様」に始まり、小型プロジェクターで映画を楽しめる「パーソナルシアター」。男の隠れ家的な「パパの書斎」「ストリートミュージシャン仕様」。シャワーセット付きの「サーファー仕様」。当初「ラブホテル仕様」と名付けたが、技術担当副社長から品がないからと名前を変更した「お昼寝仕様」まで。私の一番のお気に入りは「パパの書斎」だ。

車の使い方説明書を開発チームがつくるのは初めてだった。「これまでの開発チームは設計と製品化だけをやればいいと考えていた。どう売り込むかは宣伝や営業の仕事と考え、無関心だった」と反省し、「使い方」というソフトの部分まで製品企画チームが提案したことが、ヒット商品に繋がったのではと思う。ベース車両のヴィッツとともに1999―2000年の日本カー・オブ・ザ・イヤーの栄誉にも輝いた。

ファンカーゴ——製品企画チームでテレビコマーシャルづくりのコンペに参加

テレビコマーシャル作成は、我々製品企画チームが、トヨタ宣伝部の監督の下、広告代理店3社に新商品の説明をするところから始まる。

その1ヵ月後に代理店各社からコマーシャル案が示される。具体的には、15秒ストーリーを説明する絵コンテ（マンガ）、コマーシャルで使うタレント、ロケ地、BGMなど。どの代理店の案を選ぶか侃侃諤諤（かんかんがくがく）の末、最終的には宣伝部が決める。我々にも1票が与えられる。

1999年夏、私はファンカーゴの製品企画主査として、広告代理店への新商品説明をすることになった。その時、ラウムの時の不完全燃焼を思い出した。熱い想いをいっぱい詰め込んで開発した我が子を広告代理店へ説明するのに与えられた時間はたったの1時間少々。とても伝えきれるものではない。クラウンやカローラなど何代も続いてきた車のモデルチェンジならいざ知らず、新コンセプト、新車名モデルとなると、車名の薀蓄（うんちく）を語るだけでもたっぷり時間がかかる。車の諸元、特長、デザインについてつくり手の想いまでとても伝えきれない。

その結果、コピーライターの想像力に頼ることになる。彼らが優秀で話題性の高いキャッチコピーができコマーシャルが評判になっても、肝心の商品の良さが伝えられずヒットに繋がらないことも多かった。ファンカーゴでは、我々つくり手の想いをしっかり伝えられるコマーシャルをつくって欲しかった。私はその問題意識を上司の都築CEに伝えたところ同意見。出した結論は、「我々ファンカーゴの製品企画チームも、コマーシャル案のコンペに参加しよう」だった。

広告代理店3社が集まったキックオフの場で、宣伝部が「今回は新たにもう1社コンペに加わります。もう1社とは、製品企画チームです」とアナウンス。その時の代理店各社の困り果てた表情は今でも忘れられない。

都築さんと私は、ファンカーゴの最大の売りであるリアシートを床下にあっという間に格納し、そこに現れた空間がいろいろな目的で使えることを、シンプルに伝えられるコマーシャルにしたかった。我々が準備したアイデアはこうだ。「マジシャンが登場し、呪文とともに煙が立ち上り、同時にリアシートが消える、そしてさまざまな利用シーン（ミニホテル、パパの書斎、趣味の空間……）が登場する」この内容を絵コンテにしコンペに臨んだ。コンペは残念ながら落選したが、広告代理店間の競争心に火を点け質の高いコマーシャルに繋がったと思う。

その10「CEは自分に足りない専門知識は専門家を上手に使え、しかし常に勉強を怠るな」

常に専門家と対等にやりあえるように努力を。質問力を磨いておけ。一つくらいはトヨタ一の専門家になれるよう努力すること。

主査になってすぐに、上司の都築CEから、「すべてに精通するのは不可能、その都度勉強すればいい」と慰めてもらったものの、少しでも多くの専門知識を知っていればそれに越したことはないと思った。ボデー設計の出身で、内装、ボデー板金、外装とそれなりに幅広く経験してきたつもりだったが、いざ主査になってみると自分の専門知識の不足を痛感した。ラウムの開発では、私より少し前に製品企画へ異動していたボデー設計出身の金井俊彦君には随分助けてもらった。また、書店や図書館で車の専門書を何冊も読み返した。

一般的に、自動車開発の専門知識というと、自動車工学をイメージするが、私は、図3－2のような専門領域を定義した。後年ダイハツ工業に移籍してからだが、社員全員が自動車という商品をもっと深く理解できるようにと教育センターをつくった。その時の教育プログ

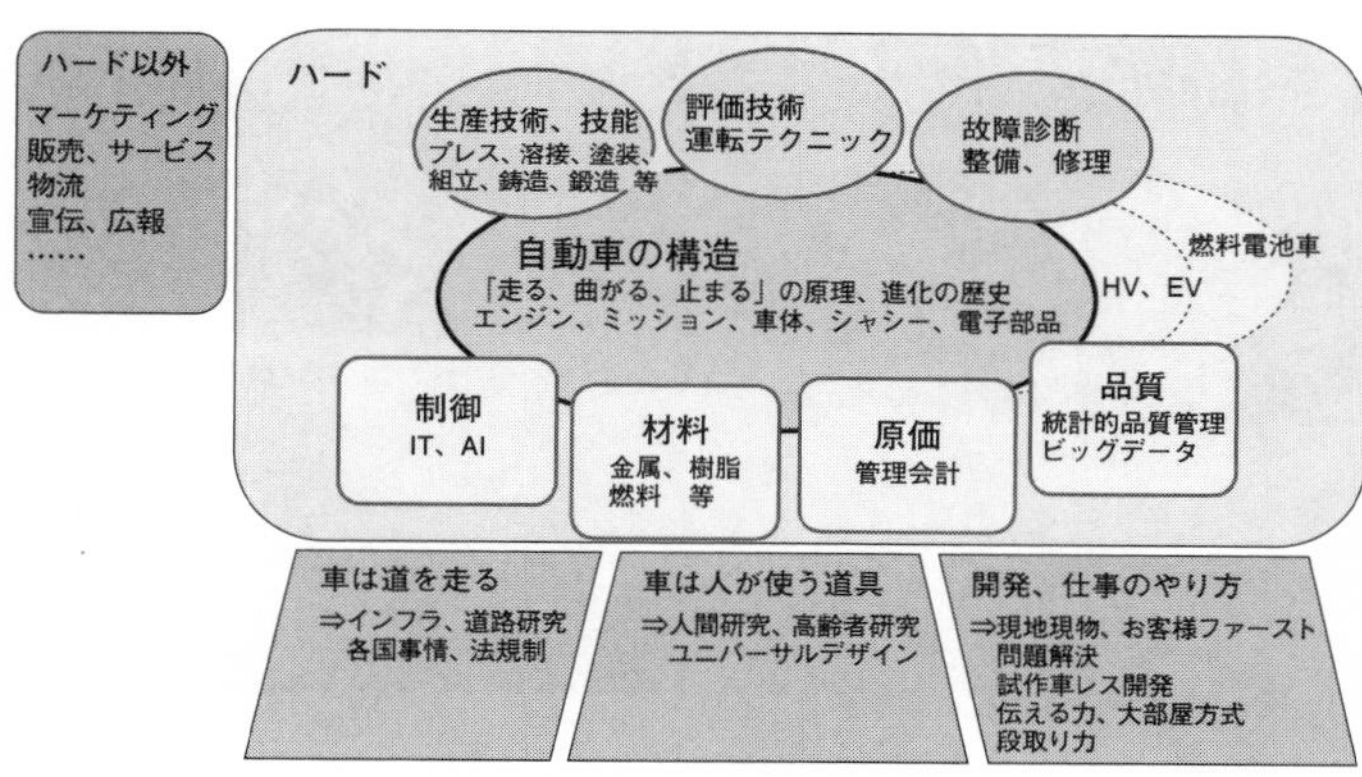

図３－２　自動車の専門領域（筆者の定義）

ラムはこの専門領域の考え方を基にした。

その11「CEは現地現物を率先垂範せよ、自らの五感を総動員して体感せよ」

とにかく開発現場、工場、ディーラー、お客様の所へ出かけ、よく見よく聴け。新技術、新装備のネタ、問題解決のヒントは現場にあり。

トヨタでは、入社して最初に教えられるトヨタウエイ、その中の一つが現地現物。「現地へ赴き現物を穴があくほど注視せよ、手を汚し自分でもやってみよ」と教わる。現地現物にこだわった案件は数知れない。bBの大黒埠頭の話は第1章で紹介したが、ここでは、お客様の使用シーンの観察、お客様の生の声のヒアリングの二つの事例を紹介する。

サクシード（上）とプロボックス（下）
カタログ掲載写真より

プロサク――高速道路サービスエリア

プロボックス・サクシードは商用バン。私自身、新入社員時代の販売店実習で数回乗った程度だった。新型車の構想を描こうにも発想のネタが乏し過ぎた。そこで構想の議論を始める前に、まず、カローラバン、カルディナバンがどんな使われ方をしているのか、運転者はどんな気持ちで運転しているのか調べてみることにした。

製品企画のメンバーだけでなく、ボデーの設計者やデザイナーにも協力してもらい、高速道路のサービスエリアで、駐車してあるバンの運転席や荷台を観察したり、突撃インタビューを行ったりした。さまざまな業種でさまざまな使われ方をしていて、乗用車の企画の時にはわからなかった新鮮な情報をたくさん得られた。

・高速道路では、たぶん納期に追われているのだろう、猛スピードで我々を追い越していくカローラバンにたびたび遭遇
・灰皿はいつも吸い殻が一杯
・塩ビのシート表皮は冬冷たく不評
・運転席回りの伝票、メモなどの置き場に困っている
・お昼時にお弁当や飲み物の置き場が欲しい
・人の命は同じなのに、商用車の安全対策は乗用車より遅れている（価格を抑えるため）
・購入決定者（たいていは会社の総務部）と実際に運転するドライバーは異なる

などの情報が上がってきた。

こうした調査に基づき、ＡＣＶ（Advanced Commercial Vehicle）＝次世代バンを開発キーワードとし、10年以上モデルチェンジなしで戦える商品の開発を目指すことになった。

カムリ――米国出張自粛令を振り切ってお客様宅訪問活動

カムリの開発では失敗は許されなかった。何としてでも米国乗用車ナンバーワンにふさわしい車を企画、開発したかった。当時販売中のモデルはたくさん売れていたが、「カムリは

良い車だがボーリング（退屈だ）」と厳しいユーザーの声も聞こえてきていた。

私は、それまで担当してきたラウム、ファンカーゴ、bBでは、徹底した市場調査とお客様観察をベースにコンセプトメイク、製品企画を行い、ヒット商品に繋がったことを思い出した。カムリでも同じことをしよう、つまり、米国を始め主要国の市場を自分の目で確認し、お客様のライフスタイルを共有し現モデルにどんな思いを抱いてお乗りいただいているのか調べ上げ、それらを元にCE構想をまとめることにしようと考えた。

米国ユーザーの評価については、すでに米国トヨタや海外営業部から報告されていたが、一括りで論じるのは危険だった。米国も東海岸、西海岸、南部、中西部……。それぞれ使われ方、お客様の嗜好は異なった。

また、これまでカムリは第2センターで開発されてきたが、負荷平準化で第1センターが担当することになった。しかしじつは第1センターには海外プロジェクトの経験者が少なかったのだ。米国で走行経験のないエンジニアがカムリの操縦安定性や乗り心地の目標性能を提案してきた。

何とかしなければと危機感を抱いた私は、早速布施健一郎主査らに相談した。米国ベストセラーカーのカムリが、実際に現地でどう評価され、どう使われているか原点に立ち返り謙虚に調べてみようということになった。6都市32家族（ユーザー）を訪ねることにした。通常はマーケティングや商品企画が行う市場調査だが、今回は設計者や評価者も同行するという異例の態勢で臨んだうえに、お客様の生活により密着しドライブにも同乗させてもらったりもした。開発チームすべてのスタッフがカムリや競合車のアルティマ、アコード、トーラスの市場評価を肌で感じられるよう努めた。

当時、イラク戦争が勃発し不要不急の海外出張は取りやめるよう人事部から指示が出されていたが、どうしても必要な調査だと説明し強行した。その結果、「静かさ」や「乗り心地」だけでなく「走り（動力性能や直進安定性）」も求める声が大きいことが確認できた。

その12「CEは早い段階で『ユーザーとの対話型開発』を実践せよ、迷ったらお客様を観察せよ」

しっかり準備したうえでしかも早い段階に実践せよ。例えばキーの使い勝手などは下手な議論よりユーザー観察を。アンケート（ユーザーの言葉を聞く）の前にまずユーザーの動作や表情の観察を。

ラウム——高齢者の乗降性確認、主婦、子どもによるさまざまな使い勝手確認

初代ラウムは、想定ユーザーを絞り込まない、つまり老若男女すべての人に乗って欲しいと企画した初めてのクルマだった。車への乗り降りというごく当たり前の基本動作に注目し、もっと楽にできないかを追求した。若者にはまったく気にならなくてもお年寄りにとってはこの基本動作は大変なことが多い。若者だって腰を痛めた時には車への乗り降りはきつい。

例えば、セダンで前席に乗り込む時のことを想像していただきたい。まず扉を開け、家にたとえるとかまちに相当するロッカーと呼ばれる部分を乗り越え車室内床面に足を運ぶ。と同時に頭がフロントピラーにぶつからないよう背を丸めながらお尻をシート座面に乗せ、身体全体を車室内へ移動させる。フロントピラーの傾きが大きくシート座面が低い車、スポーツタイプの車だと結構難しい動作となる。

後席へ乗り込む場合では、ピラーの代わりに開口部の天井の縁に頭をぶつけないよう気をつけながら、後扉と後席シートの出っ張りの間にあるロッカーを乗り越え床面に足を運ぶ。この時体をねじりながらお尻を後席シートにドスンと乗せる。これがお年寄りの場合はこうなる。まずお尻を後席シートに半分乗せ、後扉とシートの出っ張りの狭い空間で、片足ずつかまちに相当するロッカーを乗り越えつつ、お尻をずらしつつ着座姿勢に至る。これはなかなか大変な動作だ。

ラウムでは、前席では、車高を高くしフロントピラーを立ち姿勢にし、シート座面も高く

セダン

ラウム

高齢者の乗り降り動作の観察

観察記録ビデオより

ドアの開度も大きくした。また、後席ではスライドドアを採用したことにより、先程説明した動作は不要になり、そのまま車に向かって車室内に乗り込めるようにした（右側の写真）。理屈では画期的に乗降性が改善できたはずであった。

しかし、本当に足腰の弱ったおじいちゃんおばあちゃんでも乗り降りがしやすい車になったかどうかをどうやって証明するかが課題となった。評価部署の中に人間工学の専門部署ができたが足腰の弱ったお年寄りはいなかった。当時60歳を超える人は社内にいなかったし、定年間近でも元気な人ばかり。困り果てた。今でもそうだが基本的には新車開発は発売の直前まで極秘中の極秘。ちょうどその頃、他社が開発中の車をユーザーに見せその不満点を極力織り込むプロセスに挑戦したとの記事を読んだ。私はこれだと思った。トヨタでもこれをやってみよう。都築さんに相談し快諾してもらった。

足腰の弱ったお年寄りに実際にラウムに乗り降りしてもらうのだ。セダン、ワンボックスも比較できるように準備する。セダンはシート高さが低くワンボックスは高い。従って乗り降りは想像以上にやりにくい。また、ワンボックスのスライドドアは開閉に力が必要で小学校低学年の子どもでは難しい。そこで開発委託先のセントラル自動車の社員のご家族のお年寄りに会社にきてもらって、セダン、ワンボックス、ラウムの乗り降りを実際に体験、その様子を映像に残してもらった。その結果、セダンやワンボックスにはかろうじて乗り降りができたお年寄りが、ラウムでは難なくできてしまうことが映像から読み取れた。

この説得力のある映像は、後々オールトヨタTQM（トータル・クオリティ・マネジメント）大会やユニバーサルデザインセミナーなどでも紹介され、トヨタの開発プロセスの奥深さをアピールすることになった。

セントラル自動車に評価してもらったのは、ラウムがまだモックアップ段階だった。試作車ができてからはトヨタでも念押しの確認をすることになった。

この時活躍してくれたのが、新車発表直前にヘリ事故で亡くなった柳瀬亜矢さんだ。「前例にないことはできない」の一点張りのトヨタ管理部署を熱心に説得して回った。

トヨタ技術部門に隣接する老人保健施設ジョイステイにお願いし、遠足の一環で技術部に来てもらい開発中の車に乗り降りしてもらうことにした。管理部署からは機密保持はどうす

RAUM

《ラウムのコンセプト》

その指針となったのがユニバーサルデザイン

徹底した人間中心の車をつくりたい

ラウムのコンセプト

カタログ掲載写真より

BUSINESS: DOMESTIC

NAOTO KITAGAWA of Toyota Motor Corp. shows off the RAUM, the vehicle he developed with input from housewives and other outside monitors.

Toyota asks customers for comments on design

ユーザーに試作車公開

トヨタ

新コンセプト "生の声" で確認

新型車の諸元設定に反映

ユーザーとの対話型開発を報じる新聞記事

左：「Japan Times」1997年６月４日

右：「日刊自動車新聞」1997年６月９日

るのか、お年寄りが倒れたらどうするのか、とクレームがついた。機密保持は「今日のことは口外しない」と書面にサインしてもらい、万一に備えては看護師さんに待機してもらうことでようやく了解を得た。

この評価によって前席後席の乗降性だけでなく、企画段階では反対意見もあった横開きバックドアの使い勝手も実証できた。主婦、子どもにも会社に来てもらい開発中のラウムの使い勝手を試してもらった。跳ね上げバックドアだと途中で保持することが難しいが、横開きだと必要なだけ開けて荷物の出し入れができる。また、車の後方スペースが狭くても使い勝手が良いことがわかった。

私はこの開発プロセスを「ユーザーとの対話型開発」と名付け、以降いろいろな開発で応用した。2代目ラウム開発では、積極的に一般ユーザーに評価に参画してもらいメーター視認性、異常時に点灯する警告灯のわかりやすさを改善することにつなげた。

カムリ——オーディオ受信性能評価

新型カムリを開発していた時のこと、販売中のカムリのＪＤパワー評価（調査会社ＪＤパワー社の顧客満足度の評価で、ユーザーへの影響度が大きかった）の中にラジオ受信性能が良くないという指摘を見つけた。調べてみると、当時トヨタではデトロイト近郊でしか評価をしていないということがわかった。

私はその頃、新しく導入するカムリハイブリッドの米国適合ドライブ（ロス〜ニューヨークを2週間かけてドライブ）を計画していた。このドライブ評価隊にラジオ専任者を設けいろいろな所でラジオを聴き続けてもらい、合わせて給油時にその時間を利用し付近にいる米国人に好みの音楽や車での音楽ソースをアンケートをしてみることを思いついた。

その結果、アバロン、カムリユーザーの多くは、CD、FMではなくAMを聴いていることが判明した。それまでトヨタの受信性能評価はFMでしか行っていなかった。ここでもユーザーとの対話型開発が役立った。

昨今、トヨタが「誰もが使いやすいタクシー」として開発したジャパンタクシーで、車椅子のためのスロープ設置がやりにくいということで乗車拒否問題に発展していると話題になっている。しかし、「ユーザーとの対話型開発」をキッチリとやっていれば、このような問題は起こりえない。

その13「CEは開発日程遅れを最大の恥と思え」

竹槍精神の無理な日程は引き受けるな、しかし一旦引き受けたら何が何でも死守すべし。日程遵守はCEのマネジメント能力が最も問われるところ。

サイノスCV(コンバーチブル)——必死の日程フォロー

1996年、私が主査として最初に担当したのは、ラウムもやりながら、サイノス(2代目)というトヨタ最小クーペにコンバーチブルタイプを追加設定するというプロジェクトだった。それまでは都築CEが直接指揮を執っていたが、新米主査の初陣プロジェクトとして任せてもらった。

開発と生産は米国のASCという架装改造を行う専門メーカーへ委託されていた。トヨタでは、サイノスの前にはセリカという車で委託の実績があった。開発はデトロイトに、生産はロングビーチに拠点があった。

私が担当になった頃には設計は完了していて、試作車の完成を待ち評価を実施する段階だった。幌がスムーズに開閉しない、水漏れ、異音などが心配の問題点だった。早速米国へ出張し、試作車の出来栄え、評価に立ち会うことにした。しかし、予定通りに進行中との日本への報告とは裏腹に、部品の欠品やら精度不良などでまともな試作車ができていない。このままでは、大きく日程が遅れてしまうと不安がよぎった。欠品部品がいつ納入されるかのフォロー、形状や材質などの設計変更などを指示して一旦帰国した。

数ヵ月後、もう一度出張。今度は生産管理部門（日程管理の部署）の担当者も同行した。理由は、それまでのセリカのコンバーチブル・プロジェクトでは日程遅れが何度も発生していたので、今回のサイノス・コンバーチブルでは、その再発防止策が徹底されているかのフォローだった。トヨタはこのあたりは非常にキッチリしていて、主査の立場からすれば非常に頼もしく感じた。しかし、現実はとんでもないことになっていた。トヨタでなら、手加工品で対策効果を確認してから設計変更指示を出す。しかし、対策効果があいまいなまま、とりあえず設計変更しましたと平気な顔。どうして手加工品で素早く対策効果を確認しないのかと尋ねても、言い訳ばかり。米国はつくづくエクスキューズの国だと感じた。

生産管理部門の担当者も、これではダメだとＡＳＣのマネジャーを集め、ほとんど日本語だったが、厳しい口調でこれからどう挽回するかをこんこんと説明し、なんと納得させてしまった。帰国日の朝、私の心はＡＳＣのマネジメント力のなさに、あきれ果て怒りに近い気持ちも湧いていた。最後のミーティングで、私が浮かぬ顔をしていたからだろう、ＡＳＣのプロジェクトリーダーは私に挽回を約束したうえで、体調でも悪いのかと尋ねてきた。私は少し怒っていますよという気持ちを伝えるのに、「ラース・フィーリング」という言葉を使った。少し前に覚えたばかりの単語だった。スタインベックの小説『怒りの葡萄』の怒り＝wrathだった。その瞬間、彼がなぜか直立不動となった。その時は理由がよくわからなかったが、後で辞書を調べてみると、「神の怒り、激しい怒り」とあった。

その後は、対策も進み日程管理もきっちり行われ、無事当初の予定通りのラインオフを迎えることができた。都築さんからは、「ＡＳＣのプロジェクトで日程が遅れずに立ち上がったのは初めて、良くやった」と褒めてもらえた。

その14「CEは一生懸命若手や次世代CEを育てよ、時には厳しく上手に叱れ」

テーマごとにアウトプットイメージとどう仕事を進めるかの段取りを確認したら任せてみること。Z（製品企画のグループ）特有の5つの業務、①開発提案資料作成 ②認証 ③質量企画 ④発売準備 ⑤RE（量産直前の工場常駐）チーフを極力早い時期に経験させること。


私が常に心を砕いたのは、自分たちのチームがやらなければならない膨大な仕事をてきぱき片付け、かつ開発に携わる多くのメンバーの士気を高め、維持してもらうということだった。

そのため早く自分の分身のような部下を持ちたいと思った。「私が育てた」とはおこがましくてとても言えないが、同じ釜の飯を食べた仲間が現在いろいろな所で活躍している。元部下から「昇格しました」とか「今度○○を担当することになりました」と年賀状をもらったり、新聞や雑誌で名前を見つけたりするとうれしくなる。

ラウム、bBの多田哲哉君は86、スープラのCEとして、ファンカーゴ、イストの安井慎一君はトヨタモーター・ノースアメリカEVP（Exective Vice President）として、アバロンの寺師茂樹君はトヨタ副社長として、カムリの佐藤恒治君はLexus International Co. Presidentとして、同じくカムリの吉岡憲一君はアルファードCEとして、皆大活躍してくれている（役職名は2020年1月現在）。

その15「CEは最も強力な新市場開拓の営業マン、積極的に新市場へ出かけよ」

特に海外の新導入国については自分の五感で潜在需要を感じ取れ。

サイオンブランド――立ち上げのための米国市場調査

bBは日本国内での若者シェア奪還が最優先のプロジェクトだった。そこで、若者たちのストリート文化を調べていくと、原点はたいてい米国にあった。また、1996年サイノス・コンバーチブルの委託先への米国出張時、自分の車を思う存分カスタマイズして、音楽など趣味の世界に没頭する姿をたびたび目にして、それが強く脳裏に焼き付いていた。

そこで私は、bBの製品開発の初期段階で何度となく海外企画部へ米国導入を働きかけた。しかし、「必要ありません、日本だけの限られたターゲットの車ですから」とつれない返事。従ってbBは右ハンドル車だけを開発することになった。

それから数年後、bBは日本で大ブレイク、その段になって海外企画部から「じつは米国でもトヨタ車の若者シェアが低下傾向にあり、新たなブランド（サイオン）導入を検討したい」と言ってきた。それみたことか。すぐに市場調査を行うことになり、米国に出かけた時、私は大学の駐車場調査を提案した。

米国トヨタの担当者は「わざわざ日本から来た北川さんが行かなくても……」と渋っていたが、実際に駐車場で駐まっている車を見てびっくり。販売データ上ではカローラはシビックにはそんなに大きくは負けていないはずだった。しかし、現実はシビックの圧勝、カローラは探すのに苦労するほどしか駐まっていなかった。この後、左ハンドルのbBが大急ぎで開発され、サイオンブランドxBとして導入されヒットした。

インドネシア農村生活体験

２０１０年、これからのインドネシア経済発展を見据え、農村にもモータリゼーションの波が押しよせてくるだろうと、農民の生活実態を調べることになった。農村生活を体験し将来車が必要になるのか、どんな車が必要になるのかを調査した。インドネシアの将来の商品ラインナップを考えるうえで、トヨタウェイの現地現物を実践するまたとない機会となった。

軽トラック的な商品が頭にあったので、いろいろな農作物の産地ごとに訪問先を選定した。米、野菜、タバコ、果物、パームなど。農作物によって荷台への積載要件が出てくるのではと考えたからだ。日本でも青森県ではリンゴ箱サイズは軽トラの荷台の大きさと密接に関係している。訪問インタビュー32件（ジャワ4農村、スマトラ5農村）、泊まり体験計5泊（ジャワ2泊、スマトラ3泊）を行う計画を立てた。私もジャワ、スマトラにそれぞれ1泊ずつすることにした。

ジャワ島で訪れたのは、東部の都市スラバヤから車で2時間くらいのシャポンという村だ。のどかな田園地帯の中の30戸くらいの集落を訪れた。

6軒のお宅を訪問し、生活の現況、今後の生活設計などを伺い、そのうちの1軒に泊めてもらった。まず驚いたのは1日5回のイスラム教のお祈りだ。泊めてもらった家の隣が集会所になっていて、当番が拡声器を通じ大音量でお祈りを吟ずる。早朝のお祈りは目覚まし替わりだ。電気はきているが、煮炊きはかまどかプロパンガス。水は井戸から。ただし飲料用は封がしてあるプラスチックコップ容器にストローを差して飲んだ。

食事も特別なものではなく、普段と同じものを一緒に食べさせてもらえるようお願いした。ご飯、イモ、豆腐の揚げ物などなど。泊めてもらった家では鯰（なまず）を副業で養殖していて、食べてみたいというと早速捕まえて調理してくれた。淡白な味だった。しかし、ちょっと油断すると盛り付けられた食事にはすぐにハエがたかる。最初は気になったがすぐに慣れた。

出張前には伝染病を媒介する蚊には刺されないようにと注意されていたので、暑くても長袖の服でしのぐしかなかった。警戒していても結局何匹かには刺されてしまったが、幸い伝染病には罹らずに済んだ。夜になるとガラス窓にはヤモリが張り付いていた。泊めてもらった家では、電化製品は電灯しかなかった。テレビがない静かな時間を過ごした。暑さしのぎは水浴び。午前と午後、仕事から戻った時、また食事前、就寝前など頻繁に浴びていた。

トイレについて。大きいほうはずっと我慢していたが、遂に限界を超え挑戦したが、紙がなかった。大きいほうの後は、横にある大きな水槽から手桶で水を汲みお尻の上部からちょろちょろ流しながら手できれいにした。教わった通りにやってみた。

訪問先の家の玄関を出ると近所の人が集まってくる。カメラを向けると皆うれしそうな顔になる。特に子どもたちの屈託のない笑顔が印象的だった。テレビの人気番組だった「世界ウルルン滞在記」のリポーターになった気分だ。昭和30年代の日本の農村風景に似ているように感じた。

隣には雑貨屋さんがあり、石鹸、洗剤、菓子などを売っていた。店の前の道端ではバイク用のガソリンを販売。また、行商人が豆腐などを売りに来たが、月に何回かは町のバザールへ買い出しに行くという。農作業も手伝った。田んぼに肥料をやるという。田んぼまでの運搬、肥料をまくのもすべて人力だ。

さて、調査の結果だが、将来の生活設計についての農民の考えは、まず、田畑の拡大、次いで自分の家、子どもの教育ときて車の購入はその次だった。収穫できた農作物は中間業者が引き取りにきてくれるシステムができていて、必ずしも自分で運搬する必要はなかった。多くの農家にとって車購入は第1優先ではなかった、また、農民といっても所得にはかなり幅があり、大半の農民にとって車購入は夢のまた夢であった。ひとにぎりの購入可能層の間でも、仕事を拡大するためにピックアップを希望する派と家族の生活レベル向上の乗用車派がいることもわかった。

具体的な開発には繋がらなかったが、「現地を訪ね、現物に触れ、現地の人と話をする」現地現物で商品企画を考える大切さを実感できたインドネシア農村体験だった。

その16「CEは自分を支えてくれる関係者全員に対する感謝の心を常に忘れるな」

技術部門関係者、社内関係者、仕入先、販売店、自分の家族……、常に相手の気持ちを思うことを忘れるな。

新商品を生み出すには、CEがいくら優秀でも、CE一人の力では如何(いかん)ともしがたい。製品企画のチームメンバーに始まり、上司、同僚、後輩、設計、試作・評価、調達、経理、工場、生産技術、品質保証・サービスの社内関係者、社外の仕入先、販売店、広告代理店……、さらには、ジャーナリスト、学校関係者、本当に幅広い分野の方々の力を得られなければできるものではない。もちろん、妻や子どもたちも家庭サービスほったらかしの私を辛抱強く応援してくれた。感謝しかない。

CEの激務の様子はこれまで述べた通りだ。この激務を成り立たせる社内の各部署や来客との分刻みの会議設定、国内、海外を飛び回る出張の足、宿泊の調整などはとんでもなく大変だった。製品企画の各チームには庶務業務をやりながらCEの秘書的な業務もやってくれる女性がいた。私の行動や思考のパターンを先読みしてあれこれと調整してくれた。妻によく言われる。「あなたの仕事が務まったのは秘書さんのおかげよ」。本当にそうだ。改めて秘書の方々に感謝だ。

２０１８年12月、自分史を自費出版しカムリ時代の秘書・馬上さんに郵送したのだが、彼女は差出人を見るなり中身が自分史だとわかったそうだ。私の行動は完璧にお見通しだった。

その17「CEは24時間戦える体力、気力を日頃から養っておくこと」

暴飲暴食は厳に慎むべき。ダイエットや体力向上に努めること。

「24時間戦えますか」は、今から30年ほど前、栄養ドリンク「リゲイン」のCMで使われ、流行語になった。もちろん、飯も食わず、トイレにも行かず、一睡もせず24時間ぶっ通しで図面を引けということではない。カムリ、カローラなどの世界戦略車のCEともなると、生産拠点を巡っての打ち合わせ、ディーラー大会、ローンチイベントのハシゴなどで世界中を駆け巡らなくてはならない。フライト途中でも資料をつくったり、スピーチ原稿を書いたり、ホテルへチェックインすれば、パソコンをつないで、メールチェック、何か不測の事態が発生していないか確認する。時差ボケなどと言ってベッドに横になってはいられない。

そういう意味で24時間戦える体力と言っているのである。私もまず米国へ飛び、そこから欧州へ渡り、日本へ戻ってくる世界一周出張を何回か経験した。真冬のアラスカから真夏のオーストラリアへという出張もあった。人体冷熱試験だと感じた。米国から成田へ戻り、トランジットでタイへ向かったこともある。販売店、ジャーナリスト、仕入先、大学の先生などとの幅広いお付き合い、体重コントロールも重要なテーマだった。また、大きな節目会議の前は、開発提案資料のブラッシュアップ、想定問答の準備、プレゼンの予行演習と、午前様は当たり前だった。

学生時代から続けていたテニスのおかげで、体力には自信があり激務にも耐えられたと思っている。

どんな人がCEになるのか

講演などで、トヨタCE制度の話をする時、一番多い質問はCEに求められる資質についてだ。わかりやすく説明するのは難しいが、たいていは次のように答えている。

・開発する製品が好きで好きで仕方がないこと

・複数分野の専門知識に精通し、目的達成に必要となる知識の領域を短期間に拡張できる能力を持つと同時に、各分野の専門家集団を動かすための論理的思考能力とコミュニケーション能力をあわせ持っていること
・商品価値とそれを実現する各要素に関しての専門家と同等かそれ以上の詳しい知識レベルを有していること
具体的には、人文系の知識では、社会や顧客の動向、法律、規制など。経済系の知識では、利益、原価など。アート系の知識では、意匠、質感、感性価値など。自然科学・工学系では、使用環境条件、実現のための各専門技術などということになる。
・日本語力（わかりやすく伝える力）、リーダーシップ、人間力を持っていること
私が、世界戦略車カムリのＣＥを務めていた時、オフィスに掲げた行動指針が以下である。製品企画のチーム全員に徹底した。

１　新しいこと、難しいことへ積極果敢に挑戦
・自分がパイオニアになる気概
・フレキシブルかつ失敗を恐れないプラス思考

・お客様の圧倒的感動が発想の原点

2　Zとして強力なリーダーシップ

・専門家や関係部署の知恵の結集
・ものの本質や「こころ」を見抜く
・より広くより高い視点からの即断即決

3　社内外の関係部署から信頼されるZ

・企画内容、開発方針のわかりやすい説明
・公平でオープン、かつ約束、時間、期日の遵守
・議事録やエビデンスの作成

CEの育て方

トヨタのCE、主査といえば、歴史と伝統ある職位で重要な役割を担うとされてきた。しかし、その育成に関しては心細い限りだ。じつはCEに特化した教育はなく、OJTが基本とされた。私が2006年にダイハツへ出向してからだが、「トヨタで長期的な視点の下CEを育成しようと新入社員に車両全体を勉強させ、車両企画や5分の1パッケージ図を描かせる訓練を始めた」という話を聞いたが、残念ながらその後どうなったかわからない。

一般的には、さまざまな部署出身のエンジニア（または少数のデザイナー）が製品企画へ異動になり、修業を積み、主査そしてCEとなる。製品企画への異動時期は、係長時代、課長時代とまちまちだった。

私の場合は、次長昇格と同時に製品企画に異動になり、いきなり主査をやれということになった。本来は主査になるまでに、先輩の仕事ぶりを横目で見ながら製品企画の仕事を覚えるしかないのだが、私はその経験がまったくなかった。私のそれまでのキャリアは15年間のボデー設計、5年間の技術企画・技術管理で、それなりに幅広く経験を積んだつもりであったが、不安でいっぱいだった。

私が1996年1月、いきなり主査としてラウムを担当することになった時、上司だったCEの都築さんから次のような言葉をもらい、暗闇の中で一筋の光明を見つけた気持ちだった。

・車の各分野すべてに精通している、つまりオールマイティCEはいないから、自分の得意分野一つとあとは専門部署と話ができるレベルへその都度必死に勉強すればいい（だから知らないことわからないことが出てきても心配しなくていい、むしろ当たり前）

・設計や評価部署が右か左かと相談にきたらその場で即断即決し彼らの背中を押してやること。判断材料が足らないからと宿題を出すようではCE失格。後になって間違っていると気づいたらその時に訂正すればいい
・物事の本質つまりなぜそうなっているのかの背景、理由を見極め第三者にわかりやすく説明できるようにすること
・約束、日程は絶対に守ること

ダイハツに移籍してからだが、新入社員の時から、自動車という商品についての知識を体系的に学べるようにと、教育センターを立ち上げた。「走る、曲がる、止まるの基本」「40年前の車から最新型の車への進化」に始まり、「一人乗りFFカートを組み立てテストコースでの走行」で締めるというプログラムだ。新入社員はもちろんだが、もっと商品知識が必要な営業部門の中堅社員や事務系社員をも対象にした。私自身は、ひそかにCEを育成することや自分もこんな教育を受けていたらという思いを抱きながら、カリキュラムを考えた（第3章　その10参照）。

CEに任命される人材の経歴は、トヨタでは基本的にはエンジニアやデザイナーで、事務屋はいなかった。出身部署としては、ボデー設計、シャシー設計、エンジン設計、評価部

署、デザイン部の出身が多い。生産技術部出身もわずかだがいたように思う。製品企画でチーム編成をする際、出身部署が考慮され、ＣＥや主査が、例えばボデー設計出身だと、主査付きにはそれ以外の出身部署の経歴の人材が当てられ、チームとしていろいろな出身部署のメンバー構成になるように配慮された。

人材開発部は、事あるごとに、活発なローテーションをするようにと言うものの、現実には優秀な人材を上司が手放さない。製品企画をやりたいと自己申告で希望しても、なかなか叶わなかった。

技術系新入社員の憧れナンバーワンの仕事はＣＥなのだが、社内経験を経てその仕事の大変さがわかってくると、希望者が減ってくるという。残念なことだ。

第４章　ＣＥ制度を支えるトヨタの仕組み

CE一人の活躍によって売れて儲かる商品の開発が成し遂げられるわけではない。トヨタにはCEを支え成功に導くさまざまな仕組み、企業風土が存在する。それらを紹介する。つまり、CEの肩書を持つ人間をつくれば、ヒット商品が生まれるわけではない。支える仕組みや企業風土があってこそはじめてヒット商品が生まれる。

本章ではそれを10の項目で説明しよう。

①原価企画

CE制度を支えるさまざまな仕組みの中で、最も重要なのが原価企画だ。トヨタでは他企業とは異なるやり方、仕組みを取り入れている。特長的なポイントは次の3点だ。

一つめは、トヨタの経理部では、企業会計（法律上必要）のための経理＝財務会計と、原価管理のための経理＝管理会計と二手に分かれて仕事をしている。

法律上必要ではない管理会計をわざわざやるのは、原価低減を行い利益を生み出すためだ。商品別、つまり車種ごとに原価を割り出し、原価低減に不可欠なデータベースをつくる。具体的には、生産ラインに届いた時点を想定し、一点ごとに、材料費、加工費、金型費（原価企画台数が設定されているので一点ごとの金型費を計算）などに分解され、歩留まり、不良率、生産性、設備や金型サイズを考慮し算定される。単品部品でない多くの部品から構成される部品でも同様だ。単品をアッセンブリーする組付け費がそれに加わる。トヨタで設計者一人ひとりが自分事として、仕事の中に原価低減の仕事を盛り込んでいけるのは、「商品別の原価」が常に開示されているからに他ならない。

原価のベンチマーク活動も徹底している。トヨタでは、他社が新しい車を発売すると最低でも2台は買い入れる。1台は完成車としてさまざまなテスト評価に用いる。もう1台はバラバラに分解し、どのような部品を使っているのか、どのような工程・工法で造られているのか、材質は、性能は、原価は、と調べ上げ、開発中の部品と比較する。トヨタの部品が負けていいようものなら、負けを勝ちにするよう検討が始まる。

日頃から商品ごとの原価を出せるよう訓練をしているので、他社の部品の原価も推定できるのがトヨタならではの強みだ。この「バラバラ活動」は技術部門だけでなく調達部門、生産技術部門などでも行っている。

二つめとしてあげられるのは、トヨタの原価低減が企画段階から始まっている点だ。原価低減は以下の3つの段階において活動を行っている。

Ａ　企画・設計段階
Ｂ　生産準備段階
Ｃ　量産段階

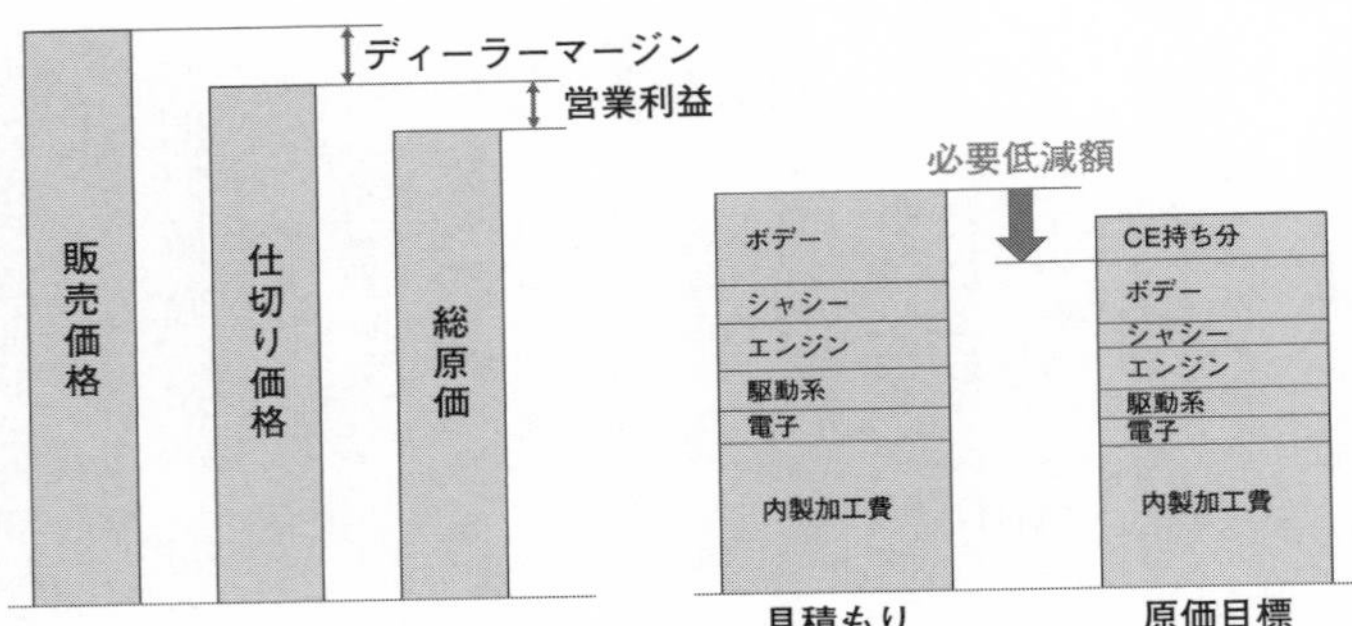

図４－１　原価企画

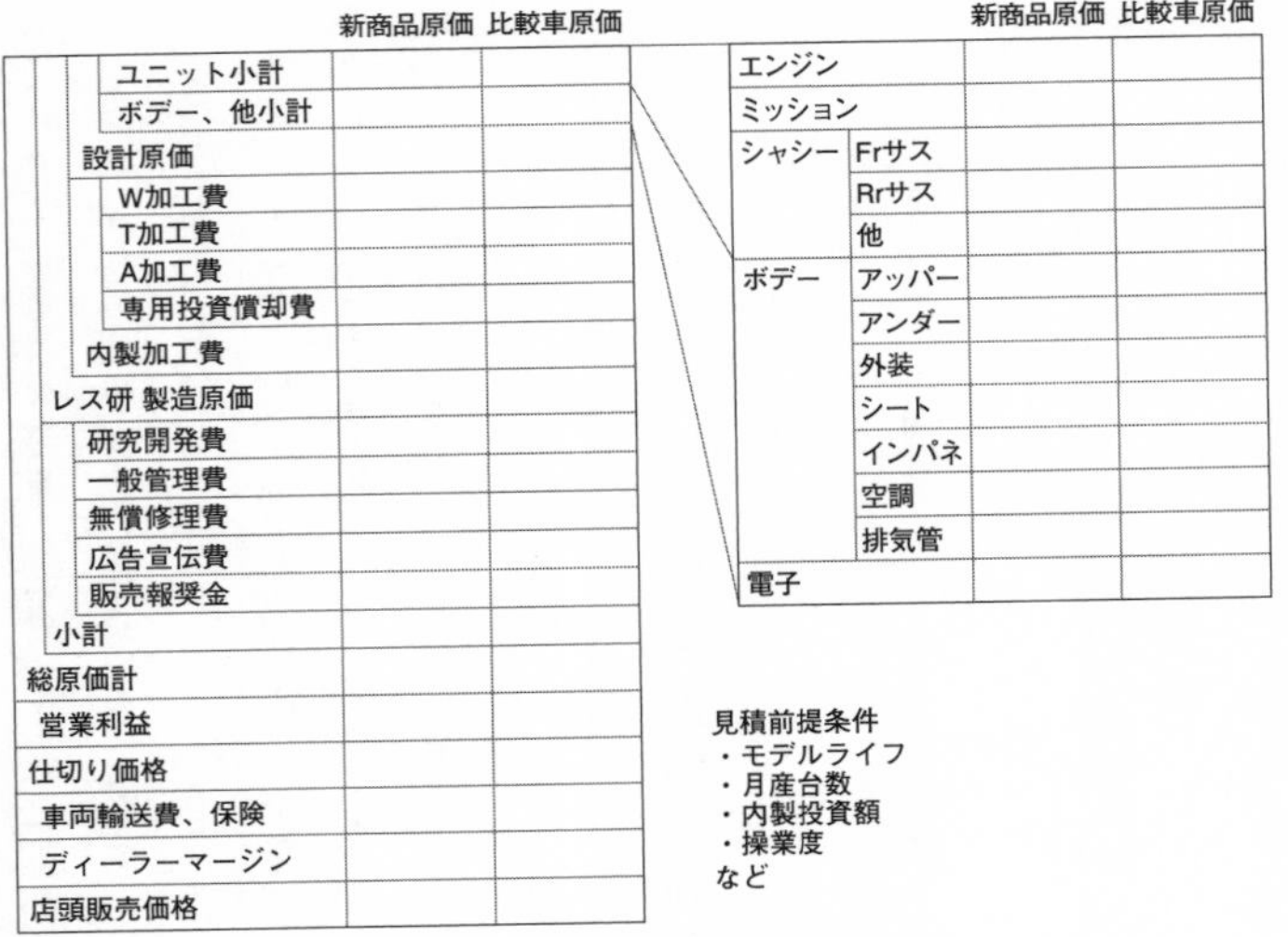

図４－２　１台あたりの原価集計

一般的な原価低減の意味する「ムダ取り」はCの量産段階での手法で、ここが世間では注目を浴びているが、じつは努力の割に成果は少ない。原価の大半は、Ａ、Ｂの段階で決まってしまうからだ。トヨタは特にこのＡの段階を最大の原価低減ポイントとみていて、「利益は企画・設計段階ですべて決まる」とまで言われ、ＣＥの旗振りが大いに期待されることになる。

３つめは、「売価－利益＝原価」の公式から、目標原価が与えられることだ。ＣＥが任命される頃、販売側から開発部門に対して、競合他車より少しでも安くという考えと、車体カテゴリーやサイズ、エンジン排気量などから、車両販売価格が提示される。

また、利益は、会社全体の利益計画から車種ごとに分担額が示される車種別利益ガイドラインが存在し、この車種ならいくら儲けなくてはいけないかすぐにわかる。従って、この公式から、これから開発する車の原価目標がおのずと見えてくる。この目標を達成し、企画台数以上を販売できれば会社の利益計画も達成できることになる。

もう少し詳しく見ると、図４－１に示すように、車１台全体の目標額を、ボデーでいくら、シャシーでいくら、エンジンでいくらというように、部位ごとに分解していく。さらにボデーの中でも分解され、最終的には部品１点ごとに、原価目標が割り振られる。

車両１台の原価は図４－２のような構成費目からできている。

これらが積み上げられ、製品企画車両の見積もりとなり、原価目標との乖離額が、すなわち必要低減額ということになる。立ち上がりまでにこの乖離額をゼロ、もしくはマイナスつまり目標値以下にすることが求められる。

そのために、製品開発初期の段階で、設計5部に原価目標を認識してもらう。もちろん部単位、室単位、部品単位に落とし込まれていく。

この乖離額ゼロに向けた原価低減活動が必死に行われる。CEもいろいろな場面でこの活動に関わる。理想的には、正式図出図までに達成できればいいのだが、多くの場合、出図段階で達成できることは少なく、立ち上がり直前まで活動は続けられる。稀に立ち上がり後も行われることもある。

部品別原価低減検討会、他車比較原価検討会などが開催され、役員同席で、設計だけでなく、経理、調達、生産技術など関係部門も出席のもと、低減の叡智を結集する。全設計の部品の検討会をやるのに1週間近くを費やすことも珍しくない。

②問題解決

これは、QCの教科書には必ず登場する8ステップで行う問題解決法のことだ。トヨタではこれを、理論から実践まで、新入社員の時から管理職になっても幾度となく事務屋、技術屋、現場作業者の区別なく徹底的に鍛えられる。

ステップ1　問題を明確にする
ステップ2　現状を把握する
ステップ3　目標を設定する
ステップ4　真因を考え抜く
ステップ5　対策計画を立てる
ステップ6　対策を実施する
ステップ7　効果を確認する
ステップ8　成果を定着させる

最初のステップは問題発見。講師や上司の前で「自分の周りには特に問題ありません」などとうまく立ち回ろうとしてもムダだ。「問題のないことが一番の問題！」と一刀両断にされる。「問題とはある基準からの乖離のこと」と教わる。すでに目の前に見えている問題は発生型問題で、今すぐには問題ではないが、将来基準が変わることを想定すると、乖離が生まれるというものを設定型問題という。

また、問題の真因追究のやり方はトヨタ外部でもよく知られているが、「なぜなぜを5回は繰り返せ」と学ぶ。また、「自分事として真因追究せよ」とも教わる。私が外部で紹介する際にわかりやすい事例としてよく使うのが以下の事例（『トヨタの問題解決』OJTソリューションズ、KADOKAWA、2014年から引用）。

問題：若手営業担当者の成績がダウンしている

●なぜ1　なぜ成績がダウンしているのか？
……新規顧客を獲得できていないから
●なぜ2　なぜ獲得できないのか？
……訪問しても商談までもち込めないから
●なぜ3　なぜ商談までもち込めないのか？
……2回めの訪問ができていないから

ここで多くの人は、「2回めの訪問ができていない」ことが真因だと考え、「2回めの訪問を増やす」という対策に結びつけがちです。ところが、新規顧客への2回めの訪問を増やしても、若手営業担当者の営業成績は改善しませんでした。つまり、「2回めの訪問ができていない」は真因ではなかったのです。では、４回め、５回めの「なぜ」を続けていたらどうなるでしょうか。

●なぜ４　なぜ2回めの訪問ができないのか？
……商品説明がうまくできないから
●なぜ５　なぜうまく説明できないのか？
……商品知識が不足しているから

若手営業担当者の商品知識の不足が真の要因であれば、「商品知識を学ばせる」という対策をとれば、説明力も向上し、商談をうまく進められるようになります。ここまで突き詰めることによって、はじめて「商品知識が不足しているから」という真因にたどり着くことができるのです。当然、なんでも５回めの「なぜ」で真因が見えるわけではありません。

最後のステップ8の成果の定着に関しても、トヨタでは誰がやっても同じ成果が出せるように成功のプロセスを「標準化」している。

私が一番印象に残っている問題解決は、係長への昇格前に行われた中堅社員特別研修でのもの。総仕上げが問題解決だった。通常業務の傍ら約半年間、４回（①経営環境 ②組織運営 ③リーダーシップ ④問題解決）数ページにわたるリポートをまとめなければならなかった。そのうち2回は、リポートに加えＡ３一枚にもまとめなければならない。

提出日の前は毎回徹夜、当時はまだワープロ、パソコンがなく、清書の前の下書きは当たり前。清書では、太字が書ける２Ｂ鉛筆も用意し、強調したい字句はそれで書いた。明け方近くに何とか完成させ眠い目をこすりながら出勤したのが懐かしい。私が問題解決に取り上げたテーマは、「スープラモデルチェンジ開発における不具合の早期摘出、早期対策」だった。多くの問題点をいかに早く見つけ対策を打つかというテーマだった。

トヨタでは、全社員がこのような問題解決法をしっかりと身につけ、問題が解決してもさらなる高みの目標に向け、改善を続けていくことが当たり前にできている。この風土がＣＥ制度を支えてくれている。

③伝え方

最近のトヨタでは、さすがに手書き書類を見かけなくなったが、アナログ型思考のＡ３、Ａ４一枚の書類による、人を動かすための「伝える」というコミュニケーションの精神が、トヨタの至る所で脈々と受け継がれている。Ａ３一枚にまとめる訓練は新入社員教育の時から始まる。

トヨタでは「伝える」ことの本質は、「最終的な行動につなげること」と言われている。

トヨタでは、伝えることを「目的」ではなく、実行に移すための「手段」だととらえている。

以下私が経験してきたポイントだ（『トヨタの伝え方』桑原晃弥、あさ出版、２０１６年も参考にした）。

1　確実に何かを伝えるためには、考え方をシンプルにまとめ、はじめに結論を言う

伝えたいことにタイトルをつける。伝えたいことを３つにまとめる。

2　必要事項を「紙一枚」にまとめる

トヨタでは必要事項はすべて「A３またはA４サイズの紙一枚」にまとめるという不文律が浸透している。パワポが主流になったとはいえ今でも残っている。そのため、どんなタイプの人も、おのずと短く書く習慣がつき、ひいてはそれがムダのない考え方をする思考風土をつくりだしている。

3　「見える化」でその内容を相手の心に届ける

「図表にする」「張り出す」といった一般的な「見える化」はもちろん、「やってみせる」「態度で示す」といった実践的な「見える化」も重視される。

4 「どう実行するか」もあわせて伝える

普通は「わかりました」の返答をもらって終わるところを、そこで終わらせず、実際にやったかどうかまでを必ず確かめる。当然、伝える時も、「理解してもらおう」「納得してもらおう」とするだけでなく、「どうしたら行動に移してもらえるか」までを意識する。従って、「気をつけよう」「頑張ろう」を結論にすることはなく、「頑張るとは具体的に何をするのか」というところまで、相手に示唆する。

5 失敗に価値があることを伝える

大切なのは、失敗から学ぶこと。失敗を次の成功を生み出す機会ととらえる。トヨタでは、失敗をリポートにして他の人に伝えることが求められる。「なぜ失敗したのか」という原因を5回以上の「なぜ」を繰り返し究明し、「同じ失敗を繰り返さないためにどうすればいいか」という対策にまとめて文書化する。

6 悪い情報も「見える化」する

いい上司は、部下が悪い情報を伝えても、決して叱らない。むしろ「ありがとう」とさえ言ってくれる。正しい判断を下すには、「バッド・ニュース・ファースト」の考え方が重要。トヨタでのさまざまな「見える化」の中の一つに異常や問題が起きた時は、すぐにその不具合をみんなに見えるようにする。悪い情報を改善のチャンスとして前向きにとらえる風土につながっている。

7 嫌がられるほど言い続ける

自分の意見や思いがうまく伝わらない時は、相手のせいにしないで、原因を自分の中に探してみる。リーダーがやるべきことは、わかりやすい言葉で繰り返し説明し、全員が同じ目標に向かって能力を発揮できるように、コミュニケーションを取り続けること。トヨタでは、上司に一度却下されたアイデアでも、二度、三度と手を替え品を替えて主張し続けよと言われる。

8 議事録を必ず作成する

会議での意思決定は正確にかつ誤解が生じないようわかりやすく明文化、また、宿題事項（誰が、何を、どうする、いつまでに）も明文化し後日フォローしやすくする。この習慣も全社に定着している。また、私は、議事録を書記がそのまま発行するのは厳禁とし、上司の確認を義務付けた。時に書記役の日本語力の不足で、会議での結論が正しく伝わらないことがあるからだ。重要な会議や大きな宿題が出された議事録は私自らが目を通しサインした。議事録はその会議で生まれた叡智の結集。次回の会議では、まず前回会議の議事録のおさらいから始めた。

最後にもう一度Ａ３一枚のメリットを整理する。

・案件テーマに関して、限られた紙面の中に極限まで絞り込み磨きあげた言葉、数字によって、起承転結で簡潔にまとめられている。従って、数十秒で読め仕事のスピードアップにつながる。

・一人の人間が与えられた時間内で、体系立てて説明できる情報量には限界がある。聴く側にも限界があり、Ａ３一枚がちょうどよい分量。

・二つに折ればＡ４にファイリング可能。

④教育システム

トヨタは社員教育にお金と時間を使う会社だと言われている。私自身非常に多くの学びを与えてもらった。

まず「階層別研修」として、新人研修、階層ごとの昇格前と昇格後の研修、管理職研修がある。

「専門教育」としては、トヨタウェイ、問題解決法、統計的品質管理、職場ごとに必要な専門教育（例　ボデー設計部でのコンピューター作画）、デザイナー育成教育、自動車工学の各システムや部品の詳細教育、部品表システムの教育がある。

自動車のメーカーだけに、「運転教育」もある。中級運転免許、上級運転免許（東富士テストコースで約2ヵ月、上級運転技能を徹底的に叩き込まれる、車の性能評価のための運転技能訓練だ。一番お金がかかっているといわれる教育だった）などがある。

「語学教育」としては、英会話、英語以外の語学研修、短期留学、赴任前研修。また、国内企業や海外企業への「出向研修」もあった。

さらに社内外の「有識者による講演会」が、経営企画部や技術管理部、マネジメント研究会やトヨタ技術会などの企画で行われ、多くの見識を学ばせてもらった。新入社員時代に聴いたトヨタ生産方式生みの親といわれる大野耐一副社長（当時）が講演で「うまくいった時にも『なぜうまくいったのか』と反省することが大切なのだ。それではじめて『どうすれば良いのか』を本当に理解できる」「『科学的』というのは知識を持つことではない。『なぜか』という疑問を持つことだ。人は疑問を持っている間だけ進歩する」と語った言葉は、今でも記憶に残っている。

⑤日程管理

第3章その13では、日程管理はＣＥの管理能力が最も問われるところだと述べたが、トヨタでは、CE以外にも、日程管理、つまりプロジェクト進捗管理をきめ細かく行う専門の部署が存在する。

生産管理部門の中に、新車進行管理部という少し変わった名前の部があるが、そこでは、主に生産準備フェーズ以降の業務進捗管理をやってくれた。製品開発部門から受け取った情報、図面を基に、金型や生産設備の設計、それらの手配、また、工場新設が絡めば工場建設の進捗管理など。また、課題を抱える仕入先についても、調達部門とともにフォローする。じつは、生産準備の業務を予定通りに開始するには、期日通りに図面や設計変更指示が発行されなければならない。従って、製品開発部門の業務進捗状況もしばしばその管理下に置かれた。

このような部署の存在も大きかったが、全社員が一度決められた日程は何が何でも守るぞと強い気持ちを持ち、日々仕事に向かう意識が社内の隅々まで浸透していた。ボトルネックとされる部署は日程遅れの挽回に真剣に取り組む。後々、○○部署のせいで日程が遅れてしまったと言われることのないよう必死だった。これが予定通り多くの新製品プロジェクトが立ち上げられた理由だろう。国産の民間航空機が何度も納期延期となっているが、トヨタのような日程管理の下ではまずありえないと思う。

⑥デザイン

言うまでもなく、ヒット商品になるのか否か、デザインの与える影響は非常に大きい。トヨタには優秀なデザイナーがたくさんいる。また、開発拠点も日本だけでなく、米国、欧州にも構えている。時には、本来ＣＥの仕事である車両のコンセプトづくりでも協力してもらった（ｐｏｄでは大いに助けてもらった）。

私からすると、コンセプト、言葉を具体的な形で表してくれるデザイナーは凄い才能の持ち主だ。また、デザイナーの他にクレイモデルを削るモデラーという技能集団がいたが、本物と見間違えるような造形テクニックには恐れ入った。ホンダ、日産に比べ人数的には決して多くはないそうだが、新しい造形にチャレンジしていこうとする姿勢は絶対に負けないという。また、単なる造形だけでなく、最近話題になっているデザインシンキングを当たり前にやっていた。

⑦品質改善と顧客志向

トヨタ車の評判の良さは、たゆまぬ品質改善とグループ一丸となった顧客志向の徹底が支えていると思う。

見かけの品質というよりも耐久品質、つまり壊れない車、サービスしなくてもいい車を造りあげる仕組みがトヨタの製品開発システムを支えている。まだ自工、自販と分かれていた時代から受け継がれている仕組みだ。

GMやフォードとの違いは、販売店のシステムに表れている。米国内ではGMの下は直接販売店で、総代理店はない。従って、何千という販売店と直接コンタクトしなければならない。ということは、販売店からGMに文句を言うことはほとんどない。

ところが、トヨタの場合には、各地に大きなディーラーがあり、さまざまな不具合現象を把握している。また、他社の良い車を見つけると、こんな工夫をしているから良くなっているのではと言ってくる。例えば、米国では米国トヨタ主催でサービス会議をやり、市場不具合の改善やら、新たな仕様の要望を伝えてくる。販売店はお客様なので、開発サイドとしては、「一生懸命直します」「新たな仕様を開発します」と約束せざるを得ない。そういう仕組みがうまく回ることで品質が高くなり、お客様のニーズにきめ細かく対応していくことができた。

⑧協力企業

新商品の開発は、部品メーカーの協力抜きには語れない。トヨタの今日の成長発展は、多くの協力企業が自動車メーカーと運命をともにしてくれたからだと思う。

新入社員時代、いろいろなことを教えてもらいまた助けてもらったが、CEになってからも、新技術や新装備の提案、あと1円2円の原価低減、あと1グラム2グラムの質量軽減、あと1ミリ2ミリの小型化、厳しい日程での設計変更対応、増産対応など数えきれないほど支えてもらった。

⑨生産技術

技術部門がつくった図面を基に、実際の部品や最終的な車にしてくれる部隊が生産技術だ。プレス、溶接、塗装、組立、樹脂成型、鋳造、鍛造、機械加工、機械組付け……。それぞれ非常に奥が深い生産技術の世界。「売れるモノを売れる時に売れる数だけ売れる順番に造る」というトヨタ生産方式を各々の工程で体現してくれる。

彼らがいなければ、いくら売れるモノが企画、設計できたとしても、造れなければ元も子もない。開発の途上では、幾度となく技術部門と生産技術部門との間でお互いに納得が行くまで話し合いが行われる。

なにが凄いのか、その一例としてプレス金型について紹介したい。設計者が描いた図面通りに金型を造っても、図面通りのプレス品ができるわけではない。なぜならスプリングバックといって金型から取り出した際に形状が少し変化するからだ。プレスの条件、鉄板の材質などにも左右される。さらにしわや割れが発生したりもする。従って、実際には製品図面とは異なる形状の金型を造らなければならない。これぞ生産技術の長年の経験とノウハウだ。

⑩技術者集団

多くの優秀な技術者たちを忘れるわけにはいかない。ボデー、シャシー、エンジン、駆動系、電子部品、材料……。各々の専門分野で「世界一のエンジンを」「世界一の走りを」「世界一の安全性を」などと世界ナンバーワン技術者を目指し日夜涙ぐましい努力を続けている。

新技術開発だけでなく、原価低減、質量軽減、品質向上においてもしかり。CEの無理難題に応え、企画する新商品をヒット商品に仕上げるために必死に頑張ってくれる頼もしい技術者集団だ。

CE制度導入失敗談

本章の最後に、CEを任命し、CE制度をつくっただけではヒット商品は生まれない、それを支える仕組みがないとうまくいかない事例を紹介したい。

数年前、中国ＥＶスタートアップ企業から「トヨタのＣＥ制度導入」のコンサルティングを頼まれた。その会社のトップは、「次々とヒットし、かつ儲かる商品を生み出す」この制度を欲しがった。しかし、ＣＥ制度を自分の思い通りのヒット商品を生み出すことのできる「打出の小槌（こづち）」と勘違いをしていたと思う。

これまで述べた通り、いくらＣＥが優れていても、商品企画に始まり、デザイン、開発、生産技術、工場、仕入先、品質保証、販売などが、それぞれ機能を発揮、協力する企業風土がなければ、ヒット商品、儲かる商品は生まれないし、自動車ビジネスは成立しない。

その時コンサルした企業は、ものづくりの経験はないままいきなりＥＶの製造販売を目指していた。自動車を量産、販売するためにはＣＥ制度より先に、さまざまな仕組みが機能しないといけない。ヒットする商品の企画や開発の仕組み、大量に、安く、バラツキなく造る生産の仕組み、販売サービスの仕組み、利益計画を現実のものにする原価企画の仕組み、多くの外注部品を必要な時必要なだけ集められる仕組み、トヨタでは当たり前の自工程完結の仕組み、社員全員の教育の仕組み、それらが誠にお粗末だったように感じた。

私がコンサルを始めてしばらくして、問題の全貌が見えてきたので、ＣＥの仕組みを導入する前にまず自動車の製造、販売の会社になってくださいと忠言したが、経営層は耳を貸さなかった。立派な工場は完成したが生産が軌道にのったという話は聞こえてこない。

ＣＥ一人では如何ともしがたく、さまざまな支える仕組みやＣＥを尊重する企業風土があってこそ、ＣＥ制度が機能するのだと痛感した。

第５章　ＣＥの本棚

立命館アジア太平洋大学学長の出口治明氏は「人が知識を得るのは、人、旅、本の3つから」と書いている。私もまったく同感、多くの知識を本から学んだ。以下、CEの仕事に参考になった書籍を紹介する。前半は、CE時代にいろいろ助けてもらった本を、後半は、後輩CEに読んでほしい本を挙げた。また、最後に長谷川龍雄氏の主査に関する10ヵ条と和田明広氏の10ヵ条を紹介する。

トヨタ時代（〜2005年）

『システム工学』近藤次郎、丸善、1970年

私の学んだ名古屋大学工学部応用物理学科の隣は航空学科。ある時その航空学科の特別講義に東大・近藤先生が来られることを知りこっそり聴講。当時、数年前のアポロ11号による月面到達の成功はシステム工学の成果だと言われ脚光を浴びていた。わくわくしながら先生から巨大プロジェクト完成の方法や理論としてシステム工学の講義を聴いた。さらに詳しく知りたいと興味が湧きこの本を買って勉強し、いつか自分も巨大プロジェクトを率いてみたいと夢見た。

『「超」整理法』野口悠紀雄、中公新書、１９９３年

ＣＥ時代、膨大な資料をどう整理したらよいか悩んでいた時に出会った、目から鱗の書。開発資料、報告書、名刺の整理に大いに活用させてもらった。

『「分かりやすい表現」の技術』藤沢晃治、講談社ブルーバックス、１９９９年

マニュアル、法律条文、交通標識、何が言いたいのかわからない偉い様、お役人の話など、世の中に溢れる「わかりにくい表現」の犯人を突き止め、すっとわかってもらえる情報発信ルールを教えてくれた本。ＣＥ時代に書類を作成する際のバイブルにした。

『失敗の本質　日本軍の組織論的研究』野中郁次郎ほか、中公文庫、１９９１年

ＣＥ時代、ｂＢ開発が始まる前、若者シェア獲得プロジェクトの失敗がなぜ続くのかを考えた際に読んだ本。小池百合子氏が東京都知事になった際、彼女の座右の書としても注目を浴びた。２０１６年改めて購入し読み返した。「目的のあいまいな作戦は必ず失敗する」「組織の中に論理的、科学的な議論ができる制度と風土がなかった」「失敗の蓄積・伝播を行うリーダーシップもシステムも欠如していた」「都合の悪い事実、情報を組織的に隠蔽した」「楽観的な状況分析が多かった」など、大変勉強になった。

『ドリーム21』ドリーム21プロジェクト編、トヨタ自動車技術管理部、1994年

1990年、トヨタの技術部門ではFP21（Future Program 21）という「魅力ある商品の開発体制の構築」と「元気の出る組織・制度の実現」に向けた運動が始められた。その一環として技術部門の21世紀のあるべき姿を提案しようとしたのが「ドリーム21」プロジェクト（私がリーダーを務めた）だった。当初は30名でスタートしたが、最後まで残った私も含め7人のメンバーでまとめたのがこの冊子。

グローバルの自動車市場予測をチームで行ったが、会社の企画部門の予測よりもはるかに精度が良かった。今読み返しても手前味噌ながら力作だと思う。技術企画部　故・湯野川孝夫部長の「企業の存在価値は社員を含めた世界中の人々を幸せにすることにあると思うが、今のトヨタはそこがボケているから将来を担う若手で大いに議論して欲しい」の一言がきっかけで生まれたプロジェクトだった。

『みんなでつくるバリアフリー』光野有次、岩波ジュニア新書、2005年

ユニバーサルデザインとバリアフリーの違いを教えてくれた光野さん。彼との出会いがきっかけでトヨタにユニバーサルデザインコンセプトが根付いたといっても過言ではない。こ

の本の中でラウムの試乗記、開発経緯を紹介していただいた。

『奇想の20世紀』荒俣宏、ＮＨＫ出版、２０００年

仕事上、近未来の予測が必要だったが、当時は営業の予測を頼りなく感じた。もっと確度の高い説得力のある未来予測の方法論を探していた時、ちょうど21世紀直前の２０００年、テレビのある特集番組で出会ったのが、この同タイトルのテレビ番組。１００年前の世紀末には新たな世紀をどんな状況で迎えようとしていたのか、新世紀がどんな社会になると考えていたかを幅広い予想事例で紹介してくれた。自動車、大型百貨店、飛行機、世界旅行などの発明も登場。２０００年にＮＨＫ人間講座において「パリ・奇想の20世紀」として放送されたものの書籍化。

『車選びの指針』影山夙、講談社ブルーバックス、１９９７年

ＣＥは、時には、短時間に何台もの車を評価しなければならないこともある。筆者は自動車会社社員時代に、短時間で評価する方法を考案、実践され、その経験を基にして書かれた本。主査になり最初に読んだ本で、新米主査にとっては非常に参考になった。

『生きる豊田佐吉　トヨタグループの成長の秘密』毎日新聞社編、毎日新聞社、１９７１年

自分が就職した会社の歴史を興味深く学んだ。豊田喜一郎が乗用車開発を実現させようとしていた部分は何度読み返しても胸が熱くなる。敗戦後の労働争議（１９５０年６月）の後、朝鮮戦争特需で息を吹き返し、退任していた喜一郎が会社に復帰し乗用車をやろうとした矢先（１９５２年３月）に急逝、その無念さは如何ばかりであったろうか。「東洋人の車を、東洋人が自ら考えつくらなければならない。それが私の使命だ」の一節は特に印象に残った。

『発想する会社！　世界最高のデザイン・ファームIDEOに学ぶイノベーションの技法』トム・ケリー＆ジョナサン・リットマン著、鈴木主悦・秀岡尚子訳、早川書房、２００２年

この本から、「新商品の企画では、お客様の観察からスタートすることが重要である」ことを教えてもらった。お客様調査といってすぐにアンケート調査を行う傾向にあったが、「顧客は殊勝なことを言いたがるが、語彙の不足のためにまだこの世に存在しないものはうまく説明できないことが多い」と知って、私は、お客様の意見を聞くのではなく現場での観

察にこだわることに方針変更した。

『段取り力 「うまくいく人」はここがちがう』齋藤孝、筑摩書房、2003年

「できないのは能力のせいではなく段取りが悪い」という著者の主張に引き込まれた。さまざまな「段取り力」のお手本事例が示され、非常に勉強になった。車の開発には究極の段取り力が求められると思う。できないといって報告しにくる部下に何度となくこの言葉をかけ再チャレンジしてもらった。

『はじめに仮説ありき』佐々木正、クレスト選書、1995年

2018年に102歳で亡くなられた著者が「ヒット商品開発の秘訣」を語った本。「ヒット商品をつくりだす鍵は仮説、夢を描き続けること」「目先の利益を追い求めるのではなく、いかに人を幸福に生かすかというビジョンを持つことが不可欠」という言葉は、CEとして新車企画時の心の支えとなった。

『雑文抄』上田良二、1982年

電子顕微鏡の世界的権威で私の恩師でもある名古屋大学名誉教授の上田先生が70歳にならな

れた際に出版された著作。「基礎と末梢、純正と応用」「ぜんまいとはぐるま」「西川先生の論文校訂」は何度も読み返し、仕事をする中で大いに参考にさせていただいた。

『ロジカルシンキングのノウハウ・ドゥハウ』野口吉昭編、PHP研究所、2001年

聴き手にとって「わかりやすい!」企画書、プレゼン、ミーティングなどを可能にする3つの思考法、3つの基盤スキル、3つのツールを解説してくれる。

ダイハツ時代(2006年~)

ダイハツへ移籍してからも、後輩CEを育てるためさまざまな参考書にあたった。意外にもトヨタのやり方を解説する本がたくさん出版されていることに驚いた。以下はトヨタを学ぶ方々にもお勧めしたい。

『トヨタの問題解決』OJTソリューションズ、KADOKAWA、2014年

トヨタの強さの秘訣が社員全員の問題解決力にあり、その能力は、業界や業種を問わず必要とされると説く書物。問題解決力はビジネスの世界だけでなく、日本の政治や行政の世界でも身につけ活用してほしいと思う。

『世界Ｎｏ．１の利益を生みだすトヨタの原価』堀切俊雄、かんき出版、２０１６年
「利益は製品計画の段階ですべて決まる」という著者の主張に引き付けられた。トヨタの原価企画の全貌をわかりやすく解説してくれる。トヨタの原価低減のやり方を学ぼうとする方には是非読んでいただきたい。

『トヨタの伝え方』酒井進児、幻冬舎ルネッサンス、２０１３年
アナログ的な考え方と手法でつくられていたトヨタＡ３一枚の書類の生まれた歴史や背景、効能が生々しく語られている。著者は元米国トヨタＣＥＯ。

『トヨタの伝え方』桑原晃弥、あさ出版、２０１６年
著者はトヨタ外部のコンサルタントだそうだが、トヨタの伝え方の実態、業務の実態をよくぞここまで分析したものだとただただ驚く。トヨタでの伝達のヒントがわかりやすくまとめられている。

『トヨタの強さの秘密』酒井崇男、講談社現代新書、２０１６年

トヨタの強さの秘密は、「トヨタ生産方式ではなくてトヨタ流の製品開発なのである」との主張に引き込まれた。主査制度をトヨタ以外の人にもわかりやすく解説してくれている。著者はボデー設計部の先輩のご子息でコンサルタント。

『小林一三　日本が生んだ偉大なる経営イノベーター』鹿島茂、中央公論新社、2018年

「アマゾンでも、グーグルでもない。東京2020オリンピック後の日本社会を構想するヒント」が学べる1冊。阪急電鉄、宝塚歌劇団、東宝、阪急百貨店、第一ホテル、阪急ブレーブスほかの事業を手がけ、ビジネスを通じて本当の意味で社会を変えた小林一三の評伝で、読み応えがある。私が大阪府池田市にいた13年間はこの小林一三の家（現在は逸翁美術館）のすぐ近くに住んでいた。阪急池田駅近くは日本で最初に鉄道会社による宅地分譲が行われた所だ。

『ひらめきをのがさない！　梅棹忠夫、世界のあるきかた』梅棹忠夫、勉誠出版、2011年

大阪の万博公園内、民族博物館の特別展でさまざまな探検資料を見て、その緻密さに驚い

た。そこで購入した1冊。新車企画の市場調査もこのようにやりたいと思った。「我が目で観察し、なおかつ写真を撮影し、後でその内容をきちんと文章にしておく」というウメサオ流のフィールド・ワークを真似してさまざまな調査で実践したつもりだ。

『大塚正富のヒット塾』廣田章光／日経ビジネススクール編、日本経済新聞社出版社、2018年

大ヒット・ロングセラー商品（オロナミンC、ごきぶりホイホイ、アースレッド、コバエがホイホイ）を生み続けた開発・マーケティングの源泉をわかりやすく学べる1冊。開発の足跡をつぶさにたどり、どのようにしてヒット商品が生まれたのかを明らかにしてくれる。

『電卓四兄弟』樫尾幸雄、中央公論新社、2017年

「カシオミニ」「G-SHOCK」「液晶画面付きデジタルカメラ」など、世の中を変える新商品を生み出すカシオの「創造」の裏側が垣間見える1冊。町工場から世界企業まで成長のプロセスが生き生きとしたエピソードで語られている。

『久米宏です。』久米宏、世界文化社、2017年

ニュース番組というありきたりなものを従来にない新たなニュース紹介に変えようとチャレンジした著者の並々ならぬ創意工夫に感動した。軽快なテンポでニュース番組の大改革の裏話や秘話が展開され一気に読んだ。新しいコンセプトをつくりだすのに苦しんだCE時代の自分を重ねた。

『虚数の情緒』吉田武、東海大学出版会、２０００年
ダイハツ教育センター設立の奔走中に出会った本。巻頭言の数々のフレーズに痺れた。「勉強なんてものは、何だって辛くて厳しい修行である」「我が国の知力は明らかに落ちている」「教育に携わる者にとって、最も重要な行為は『人の心に火を点ける』ことである。一旦、魂に点火すれば、後は止めても止まらない。どうすれば点火するのか、点火装置は何処に在るのか、それは驚きの中に在る」「教育の役割は、人が初めてそれを知る時、最大限の驚きが得られるよう十分な配慮をすること」等々。虚数を軸に人類文化の全体把握を目指した大著。会社教育テキストを改訂する際には大いに参考にさせてもらった。

『愛に生きる』鈴木鎮一、講談社現代新書、１９６６年
バイオリンのスズキ・メソッドの鈴木鎮一の書。才能は生まれつきでないと信じたい。ビ

ジネスの世界も同じだ。

『宇宙に命はあるのか』小野雅裕、ＳＢ新書、２０１８年

「アポロ17号が月へ行けたのは、常識と戦い常識に打ち勝った人たちがいたからだ」「目を瞑り、常識から耳を塞ぎ、想像力の目で未来を見た先駆者がいたからこそ、車も電話も飛行機も（中略）アポロ誘導コンピューターもすべての技術が生まれたのである」。私も著者と同じく想像力は非常に大切だとかねがね信じてきた。技術論より想像力という本。

長谷川龍雄氏の「主査に関する10ヵ条」

長谷川氏は立川飛行機で戦闘機の企画、設計に携わり、戦後トヨタ自動車工業に入社。初代トヨエース、初代パブリカ、初代カローラの主査を務めたＣＥの大先輩。リーダーの条件として10ヵ条をつくられ、主査制度の定着に尽力された。

第一条　主査は、常に広い智識、見識を学べ。

　　時には、専門外の智識、見識がきわめて有効なことがある。専門といっても要するに井戸の中の蛙に過ぎない。専門外の専門があると、別の見方で問題を見直す

ことができる。

第二条　主査は、自分自身の方策を持つべし。

白紙で方策なしで「頑張ってくれ、宜しく頼む」では、人はついてこない。しかし、始めから出しすぎて相手に考える余地と楽しみを与えず、固い形で「俺の言う通りにやれ」でもいけない。少しずつ暗示を与えて、いつの間にか皆がなびいている形がよい。

第三条　主査は、大きく、かつ良い調査の網を張れ。

特に初期Surveyの段階でいかなる網を張るか。その方向と規模が将来の運命を決することがある。

第四条　主査は、良い結果を得るためには全知全能を傾注せよ。

5000時間級のビッグ・プロジェクトにいかにして自分の総合能力を集中し、配分するか。真剣さが体ににじみ出るようになると人はおのずからついてくる。体を張れ。始めから逃げ場を探してはならぬ。

第五条　主査は、物事を繰り返すことを面倒がってはならぬ。自分がやっていること、考えていることが果たしてよいかどうかを毎日反省せよ。上司に向かって自分の主張を何回も繰り返せ。協力者に自分の意図を周知徹底させるためには少なくとも5回は同じことを繰り返すつもりでいよ。

第六条　主査は、自分に対して自信（信念）を持つべし。ふらついてはならぬ。少なくとも顔色、態度に出してはならぬ。困った時には必ず妙案が出てくるものである（頑固ではいけないが）。

第七条　主査は、物事の責任を他人のせいにしてはならぬ。体制を変えてまでしても、良い結果を得る責任がある。ただし、他部署に対しては命令権はない。あるのは説得力だけである。しかし、もしそれが真実ならば、無限の威力を持っていることを知れ。他人のせいにして、言い訳を言ってはならない。

第八条　主査と主査付き（補佐役）は、同一人格であらねばならぬ。主査は単なる管理者ではない。Engineeringに上下があってはならない。本質的なことで権限委譲してはならぬ。仕事に隔壁をつくってはならぬ。主査は主査付きを「仕事のやり方」について、叱ってもよいが「仕事の結果」について、叱ってはならない。叱りたい時は自分を叱れ。

第九条　主査は、要領よく立ち回ってはならない。〝顔〟を使ったり、〝裏口〟でこそこそやったり〝職制〟によって強引に問題解決を図ったりすることは永続きしない。後でぼろが出る。

第一〇条　主査に必要な特性

1 智識（点在している）、技術力（それを組み立て進展させる力）、経験（上限、下限の経験により適正なレベルを設定する能力）

2 洞察力、判断力（可能性の）、決断力

3 度量、Scaleが大きいこと――経験と実績（良否共に）と自信より生まれる。

4 感情的でないこと、冷静であること――時には自分を殺して我慢しなければならない（怒ったら負け）。
5　活力、ねばり（Total Energy）
6　集中力（Power）
7　統率力（Team内）――相手を自分の方向になびかせること。
8　表現力、説得力――特に、部外者・上司に対して。口ではない、人格。
9　柔軟性（Optionを持て）――ギリギリの時にはメンツにこだわらずに転身が必要な時がある。そのTimingが問題。
10　無欲という欲――人のやったことを自分に。偉くなろうでなくて、よい仕事をしよう。要するに総合能力が必要。

和田明広氏の10ヵ条（チーフエンジニアの心掛けについて）

和田氏は、初代主査・中村健也氏の薫陶を受け、セリカをはじめとする数多くの主査を手掛けた。技術担当副社長の時代には初代プリウスの開発を主導し、「技術の天皇」と呼ばれた。筆者も直接ご指導いただいた。

1　日頃から考える。何にでも興味を持つ。幅広い知識を持ちたい。

2 指示は具体的に。無手勝流は最も恥ずべきこと。
3 部下から、「言った、指示した」と言われた場合、「言っていない」と言い張っては、いけない。
4 相手が説明している時間に反対事象を頭の中で整理する。反対意見は説明後直ちに伝える努力をすること。イエスと言っておいて後のノーはMin.にすべき。また、自分の判断が四分六まではイエス。相手のやる気のほうが大切。
5 市場調査程、信頼できないデータはない。過去の事実は素直に評価すべきだが、将来の動向には十分な検討が必要。売れないと言われて売れた車、逆の車も多い。
6 決断は速く、下手な考えは休むに似たり。
7 広く網を張った開発も必要であるが、効率に注意。
8 常に大勢集めての会議を控える。会議中に仕事は停まっていると思うべき。
9 現在、図面に全部目を通すことは不可能かもしれないが、設計部からはいつも検図されていると思われていなければならない。方法はいくらでもあると思う。質問を部長・室長・SL・担当者の順にするのも良い。
10 CE付きを育てること。また、信用し任せる努力をする。

おわりに

ここまでお付き合いいただき心より感謝申し上げる。ただ多くの読者には、以下の二つの点について、十分納得していただけていないのではないかと思う。

一つ目は、新しい開発のやり方といってスピード開発にこだわった印象が強いが、果たして品質は大丈夫だったのか？

二つ目は、昨今、自動車ビジネスはＣＡＳＥという１００年に一度の大変革期だといわれているが、果たして本書のテーマであるＣＥ制度は今後も通用するのか？

スピード開発は良いが、品質は大丈夫だったか？

実際にそのような懸念の声があったのも事実だ。私自身、品質問題を起こして販売店に頭を下げにいった記憶はないが、果たして自分の開発した車はどんなレベルにあったのだろう。２０１３年９月、中部品質管理協会編で『〝質創造〟マネジメント　ＴＱＭの構築による持続的成長の実現』（古谷健夫監修、日科技連出版社）という本が出版された。帯には豊田章一郎名誉会長の推薦の一言もある。その本のなかでは以下のように書かれている。

ある自動車メーカーの新車開発を例に、新たな価値を生み出す際の留意点について考えてみよう。新車の開発では、その都度、開発責任者を任命する。開発責任者は企画構想段階から車をお客様に届けるまで、一貫して開発のマネジメントを担うことになる。開発責任者にはさまざまなタイプがあり、車も個性豊かな商品となっている。

ある日社内で、開発責任者のA氏が担当した車は、販売を開始した後の不具合が他の車に比較して少ないことが話題となった。そこで、A氏がどのようなマネジメントを実践しているのかを調査した。その結果、A氏は以下のことを常に意識して開発を進めていたことが明らかになった。

①3つの行動指針に常にこだわり、実践し続けた（A氏のリーダーシップ）。

・見える化：わかりやすい表現、説明

・ほう／れん／そう：Bad News First

・危機管理：常にNGになったことを想定した対応策を考える癖

②行動の前に作戦（企画書）を立てた。

サブテーマごとに、「どう仕事を進めるのか」「具体的な目標（どういう状態が達成できたら完了するのかの定義）」「役割分担」を後づけでなく事前に作成し、関係者と共有した。

企画書を作成するプロセスで関係部署間でのface to faceコミュニケーションが図られ、上手に進む段取り、ゴールのイメージが形成され、みんなでやろうという協力体制が醸成された（大部屋活動）。

③品質ナンバーワンの旗を開発初期に掲げ、強力に振り続けた。

品質に関する取組みについて企画書として具体的な行動計画を立案し、関係者に何度も説明した。

新車の開発という、開発責任者が描く目指す姿は、関係部署の実施事項へとブレークダウンされていく（方針管理）。そして、大部屋活動によりそれぞれの実施事項や進捗状況が明確となり、全体最適の視点から協力体制も生まれる。また、日々の業務で異常が発生した際にも、コミュニケーションがすぐにとれ、的確な対応がその都度実施できる環境が整備されていたといえる（日常管理）。しかし、ここで最も重要なことは、開発責任者A氏の熱き思いとリーダーシップ、人柄であり、このことが、新車の不具合件数の低減につながったと考えられる（風土づくり）。

対象が何であろうとも、新たな価値を創出するためには、こうした努力の積み重ねが不可欠であり、それにより、初めて実現可能となる。ここに、〝質創造〟マネジメントの本質を見出すことができるのである。

A氏として取り上げられ、新しいこと、やり方へのあくなき挑戦が認められほっとした。「品質は大丈夫だったか」の問いへの答えは、イエスだ。私がパイオニアとなった試作車レス開発により、開発期間、開発費が削減でき、捻出したリソースを他の多くの新しい商品や技術の開発に振り向けることができた。

CASE時代にもCE制度は通用するか

自動車産業にはCASEといわれる大変革の嵐が襲いかかっている。それに対応できない自動車メーカーは生き残れないといわれる。果たしてそういう時代になっても、本書で述べてきたCE主導のトヨタ製品開発システムが通用するのか。答えは、もちろんイエスだ。

そもそもCEのシステムは、自動車のような商品からサービス分野まで幅広い対象に対し通用すると考える。当然CASEに対応する自動車の開発にも通用する。ただ、CEが備えるべき専門知識には、モーターや電池、センサー、制御ソフト、AI、機能安全、街づくり、交通インフラなどが必要になるのは間違いない。

さて、トヨタの成長の歴史は、世界初のHV車プリウス、燃料電池車ミライ、レクサス・セルシオなどエポックメイキングな車の成功はもちろんであるが、それら以外の多くの新商品が次々と生まれたことにある。新商品の数だけのCEが存在し、売れて儲かる商品を生み出すことを夢見て血みどろになって格闘した。「それぞれ個性豊かなＣＥたちが叡智を結集してこだわりの新商品を生み出し続けていること」がトヨタの強さの秘密だと確信する。

これから自動車ビジネスは過渡期を迎え大きく変化していくだろうが、ＣＥ制度がビジネスの根幹として大切なものであり続けることは間違いない。このＣＥ制度は、自動車ビジネスに限らず他の業種でも新商品、新サービスを生み出すのに大いに役に立つことだろう。ＧＡＦＡではとっくに導入し成果を上げている。さらに、今回の新型コロナで大きな影響を受け変化が加速するこれからこそ、ＣＥ制度がその強みを発揮してくれるものと期待したい。

ＣＥ制度は、トヨタ生産方式とともに、トヨタを支える二大システムといっていいのではないかと思う。昨今マスコミでの「トヨタ生産方式やお家芸の原価低減がトヨタの強さの源泉」という論調は少し残念に思う。平成の敗北から立ち直り、日本の製造業が復権する鍵はＣＥ制度にあるといっても過言ではない。

本書執筆の原動力になったのは講談社田中浩史氏と経営コンサルタント酒井崇男氏だ。車の開発の流れや、ＣＥの役割を自動車業界以外のビジネスパーソンにもわかりやすくお伝えするため腐心したが、果たしてどこまで正しくお伝えできたことやら正直不安だ。上梓にこぎつけられたのは、田中氏はじめ講談社の方々、皆様の励ましのおかげと心から御礼申し上げる。

私がCEを務めた時期は、トヨタの歴史の中で最もグローバルの生産販売台数が増えた時期に符合する。トヨタの成長、発展に幾ばくかの貢献ができたのは幸せだった。その間、私を指導し育ててくださった諸先輩、同僚、後輩並びに関係者諸氏と、それに加え素晴らしい新車開発業務の環境、場を与えてくれたトヨタ自動車、ダイハツ工業に対し満腔の感謝を捧げたい。

最後になってしまったが、当時の激務を支えてくれた秘書のみなさん（稲冨三千代さん、前川直子さん、馬上寛子さん、中田久美さん、神田香織さん、井本じゅんさん、大野暢子さん）と妻に感謝したい。

北川尚人

２０２０年５月

◆参考文献、引用文献（第3章、第5章で紹介した参考文献は除く）

・安達瑛二『ドキュメント　トヨタの製品開発』白桃書房、２０１４年
・株式会社カイゼン・マイスター『トヨタから学んだ本当のカイゼン』日刊工業新聞社、２０１６年
・片山修『トヨタはいかにして「最強の車」（カローラ）をつくったか』小学館、２００２年
・清武英利「後列のひと⑧」「文藝春秋9月号」文藝春秋、２０１９年
・ゲイル・L・マクダウェル&ジャッキー・バヴァロ著、小山香織訳、小林啓倫監訳『世界で闘うプロダクトマネジャーになるための本』マイナビ、２０１４年
・酒井崇男『「タレント」の時代』講談社現代新書、２０１５年
・塩沢茂『トヨタ自動車開発主査制度』講談社、１９８７年
・ジム・M・モーガン&ジェフリー・K・ライカー著、稲垣公夫訳『凄い製品開発　テスラがトヨタに勝てない理由』日経BP、２０２０年
・中日新聞社経済部編『トヨタの系譜』中日新聞社、２０１５年
・塚本潔『最強トヨタのDNA革命』講談社、２００２年
・出口治明『本の「使い方」』KADOKAWA、２０１９年
・トヨタ自動車株式会社『トヨタをつくった技術者たち』トヨタ自動車技術管理部、２００１年
・トヨタ自動車株式会社『特集・独創　TOYOTA Technical Review Vol.52, No.2』オーム社、２００２年
・トヨタ自動車株式会社『特集「カムリ」の挑戦　アニュアルレポート２００６』２００６年
・豊田英二『決断　私の履歴書』日本経済新聞社、１９８５年

・中桐有道『「ゆでガエル現象」への警鐘』工業調査会、2006年
・中嶋秀隆、津曲公二『実践！ プロジェクトマネジメント』PHP研究所、2002年
・中島秀之・松原仁・田柳恵美子『スマートモビリティ革命』近代科学社、2019年
・中村信夫『企画の手順』日本能率協会、1990年
・西田弘『広うてよう走るやんか』日刊工業新聞社、1995年
・日経ビジネス編『トヨタはどこまで強いのか』日経BP出版センター、2002年
・野村俊郎『トヨタの新興国車IMV』文眞堂、2015年
・野村俊郎・山本肇『トヨタの新興国適応』文眞堂、2018年
・浜田和幸『快人エジソン』日本経済新聞社、1996年
・古谷健夫監修、中部品質管理協会編『〝質創造〟マネジメント TQMの構築による持続的成長の実現』日科技連出版社、2013年
・正木邦彦『デトロイトでカムリを開発』幻冬舎、2017年
・松島茂・尾高煌之助編『和田明広 オーラル・ヒストリー』東京理科大学専門職大学院MOT研究センター、2008年
・三木博幸著、藤本隆宏解説『良い製品開発 実践的ものづくり現場学』日本経済新聞出版、2020年
・森本眞佐男『トヨタのデザインとともに』山海堂、1984年
・読売新聞特別取材班『豊田市トヨタ町一番地』新潮社、2003年
・和田明広編『主査 中村健也』トヨタ自動車株式会社技術管理部、1998年
・『徹底研究!! GAFA』洋泉社ムック、2018年
・北川尚人『僕の履歴書 あるトヨタエンジニアの物語』2018年

北川尚人

1953年愛知県に生まれる。名古屋大学工学部応用物理学科を卒業後、76年トヨタ自動車工業株式会社(現・トヨタ自動車株式会社)入社。ボデー設計部、技術企画部、技術管理部を経て96年主査、2000年チーフエンジニア。主査、チーフエンジニアとして、ターセル、コルサ、カローラⅡ、サイノス、ラウム、ファンカーゴ、bB、イスト、プロボックス、サクシード、pod、カムリ、アバロン、ソラーラなどを担当。その後レクサス企画部部長を経て、06年ダイハツ工業株式会社へ転籍、執行役員、取締役上級執行役員、取締役専務執行役員を歴任。15年に退任後はコンサルタントとして、商品企画、開発マネジメントを多方面にアドバイス。

講談社＋α新書 829-1 C

トヨタ チーフエンジニアの仕事

北川尚人

2020年6月17日第1刷発行
2020年7月16日第2刷発行

発行者——— **渡瀬昌彦**

発行所——— **株式会社 講談社**
東京都文京区音羽2-12-21 〒112-8001
電話 編集(03)5395-3522
販売(03)5395-4415
業務(03)5395-3615

デザイン——— **鈴木成一デザイン室**

カバー印刷——— **共同印刷株式会社**

印刷——— **株式会社新藤慶昌堂**

製本——— **株式会社国宝社**

定価はカバーに表示してあります。

落丁本・乱丁本は購入書店名を明記のうえ、小社業務あてにお送りください。

送料は小社負担にてお取り替えします。

なお、この本の内容についてのお問い合わせは第一事業局企画部「＋α新書」あてにお願いいたします。

Printed in Japan
ISBN978-4-06-520415-3